景观建筑生态设计与施工
屋顶·墙体绿化

Landscape Architecture Construction Ecology
Green Roof & Green Wall

［韩］环境与景观出版社　编

崔正秀　于建波　译

中国建筑工业出版社

著作权合同登记图字：01-2012-8813号

图书在版编目(CIP)数据

景观建筑生态设计与施工　屋顶·墙体绿化／(韩) 环境与景观出版社编；崔正秀，于建波译. —北京：中国建筑工业出版社，2013.9
ISBN 978-7-112-15670-2

Ⅰ.①景…　Ⅱ.①环…②崔…③于…　Ⅲ.①屋顶-绿化-景观设计②屋顶-绿化-工程施工③墙-绿化-景观设计④墙-绿化-工程施工　Ⅳ.①TU986.2

中国版本图书馆 CIP 数据核字（2013）第176347号

Landscape Architecture Construction Ecology (vol. 058, 2010)
Green Roof (ISSN 1599-8037)
Compiled by Environment & Landscape Architecture of Korea
Copyright © 2010 Environment & Landscape Architecture of Korea

Landscape Architecture Construction Ecology (vol. 062, 2011)
Green Wall (ISSN 1599-8037)
Compiled by Environment & Landscape Architecture of Korea
Copyright © 2011 Environment & Landscape Architecture of Korea

责任编辑：白玉美　孙书妍
责任设计：董建平
责任校对：姜小莲　赵　颖

景观建筑生态设计与施工
屋顶·墙体绿化
[韩] 环境与景观出版社　编
崔正秀　于建波　译
*
中国建筑工业出版社出版、发行(北京西郊百万庄)
各地新华书店、建筑书店经销
北京嘉泰利德公司制版
北京画中画印刷有限公司印刷
*
开本：880×1230毫米　1/16　印张：15　字数：460千字
2014 年 3 月第一版　2014 年 3 月第一次印刷
定价：**128.00**元
ISBN 978-7-112-15670-2
(24208)

著名生态经济学家赫尔曼·戴利（Herman E. Daly）这样定义"可持续效果"的含义：为了人类与自然界的可持续发展，需要保持生产与需求、使用和废弃的物理均衡。并以经济性理论做如下解释：人类维持生活环境所需最低资源需求量不能超过资源再生产量，所废弃量不能超过自然净化能力。只有这样，人类和自然的可持续发展才成为可能。

建筑领域以城市的可持续发展为前提，努力降低使用化石能源，建立自立型能源供应体系，确保人类舒适的居住环境等事业符合生态经济学理论，具有相同的脉络。尤其是被动型绿色建筑设计的概念和方法，提倡顺应目的地的气候环境，强调保持开发前后的生态系统的一致性，从可持续效果角度看，值得肯定。

建筑物墙体和屋顶空间原本都以为是影响城市景观和生态问题的原因，如今却在解决城市的生态问题和气候变化方面，成了可挖掘的潜在空间。随着实用技术的不断完善，在丰富生物多样性、应对城市气候变化、营造休闲空间、新再生能源的生产等方面的技术问题不断得到解决，建筑物绿化的重要性越来越受到重视。

当今的绿色成长时代，绿色建筑面临新的挑战，建设趋于多样化，需要不断地涌现新的技术予以应对。众所周知，在大城市中没有多少空地可以作为绿地空间，加上高额的土地费用，作为绿地的土地获得也越来越困难。以前大多以控制绿化率为规划原则，而如今着眼于以点、线绿化连片为主。大家都认为建筑物是城市变成灰色的"主犯"之一，如何将这些"主犯"变成绿地空间，使之成为连接分布在城市内各绿地空间的"点据点空间"和生态河垫脚石？这个问题颇为引人注目。建筑物绿化无须其他土地补偿费用，可以增加城市绿地面积总量，成为新的绿色事业对策。建筑物绿化在城市环境里引入自然要素，生成生物栖息的空间，为城市居民提供丰富的生态绿地环境，供人们享用。建筑物绿化提高灰色城市的景观，给予居住在高层建筑的人们心理安定感。此外，在净化空气、气候调节、降低噪声、雨水回收利用等物理环境的改善，以及提高城市知名度，保护建筑物，节约能源等方面，也都展现了建筑物绿化的魅力。

建筑物绿化的优点和效果体现在：

1. 通过城市绿地空间的扩充，在环境污染的防治、城市生态体系的恢复、气候调节、节约能源、减少噪声、雨水的回收利用等方面得到较好的环境效果。绿地植物可以吸收二氧化碳、二氧化硫等大气污染物，释放氧气，造就多种生物能够栖息的生态环境，可以恢复城市绿地功能和生态体系。建筑物绿化是绿地网络的点式要素。在温室效应日趋严重的今天，绿地的气候调节作用尤其引人注目。建筑物绿化均位于城市中心，在缓解城市热岛效应，降低城市冷热源使用，湿度调节等方面起着充分的作用。建筑物绿化可以储存雨水用于浇灌树木，可以吸收声波减少噪声，还可以充当隔热体利于节约能源。

2. 建筑物绿化具有良好的经济效果。有绿化的建筑物具有更长的耐久性，可以有效降低因酸雨、紫外线等引起的建筑屋顶防水层和墙壁的退化现象，显著降低建筑物的冷热源费用。

3. 建筑物绿化具有很好的社会效果。最有代表性的就是有效抑制了有碍城市景观的光秃秃的屋顶和大面积玻璃幕墙的光污染，使城市景观有了质的飞跃。相信不远的将来，灰色城市的罪名会悄然离我们远去。

建筑物的绿化事业由于要求具有创意性，相应的技术要求也较高，可以认为是一个新兴的绿化领域。需要我们积极与国内外同行沟通交流，学习他们的先进理念和成功案例，以专业的绿化系统和材料为基础，建立我们自己的建筑物绿化体系。

本书源自韩国环境与景观出版社（ELA KOREA）出版的季刊《景观生态施工》中的内容。《景观生态施工》是韩国景观设计施工方面优秀的专业类杂志，每一期都会选择一个主题，介绍各种和景观施工及生态恢复相关的最新专业技术以及施工案例。本书精选了《屋顶绿化》和《墙体绿化》两期季刊的重要内容，集合而成。

我国的绿色建筑事业已经走上快速发展阶段，相继发布了有关绿色建筑的法律法规，这必将为我们的建设行业带来巨大的挑战和机遇。国家加大力度实行节能减排战略，大力提倡建设资源节约型、环境友好型城市，推动我国绿色建筑与建筑节能工作的深入开展。

译者谨以翻译此书，献给投身绿色建筑事业的人们，作为借鉴和参考。

崔正秀

2013 年 9 月

目　录

第二篇 墙体绿化

GREEN

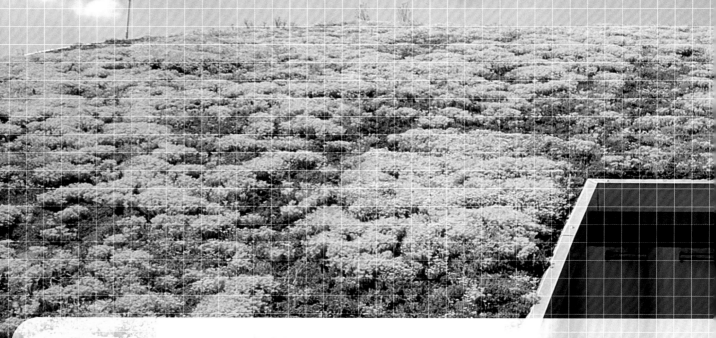

第一篇　屋顶绿化

第一章　何为屋顶绿化？如何实施屋顶绿化？

ROOF

如今将土地作为大规模的公园用地越来越困难，与此同时绿地的网络系统化重要性不断地在扩大。开发小规模屋顶绿化的工作显得更为重要和紧迫。不仅如此，屋顶绿化在防止环境污染，恢复城市生态体系，调节气候，节约能源，减少噪声，回收利用雨水等方面起着很大的作用。此外，屋顶绿化从位置上比较贴近居民日常生活空间，更容易让人们融进自然之中。相信今后屋顶绿化事业一定会不断地得到发展壮大。

随着韩国首尔市屋顶公园化援助事业的开展，京畿道等许多地方也在不断地扩大屋顶绿化援助事业，为全国屋顶绿化事业做出很大贡献。2010 年初韩国人工地表绿化协会（社）设立的"首届人工地表绿化奖"，必将成为屋顶绿化事业发展的原动力。

趁人们对屋顶绿化事业关心的日益高涨，本部分汇集有关屋顶绿化的信息，供读者阅读并参考。

第一篇共分为三章，第一章"何为屋顶绿化？如何实施屋顶绿化？"主要讲述屋顶绿化的优点和效果、发展过程、最近的发展倾向、规划注意事项，屋顶绿化生态构成和土壤、维护管理等方面的实例，帮助读者全面了解屋顶绿化。

距蓝天更近的屋顶空间不是阻碍城市景观的"罪犯"，也不是"灰色城市"这个污名的"主犯"。屋顶空间必将成为都市里的沙漠绿洲，必将作为绿色空间发展对策之一，为解决全球环境问题做出很大贡献。

距蓝天更近的屋顶

以屋顶绿化效果和援助制度为中心

整理｜南基俊

也许大家都有这样的记忆：屋顶的一个角落里放置有水箱，下楼的楼梯附近杂乱无章地排列有若干干枯的花盆和种植生菜、辣椒幼苗的塑料箱。此外，还能记得其他什么吗？看着晾晒的衣服随风飘动，谈不上是电影画面，但至少在显示其存在。是否还有一个破旧的、一坐就吱吱响的椅子？对了，想起来了，还有一张躺椅。夸张一点讲，在炎热的夏夜，躺在躺椅上，寄想着腾云驾雾乘凉惬意，倒觉着老天很贴近。尽管屋顶离地面不过几十米高，由于众多楼房聚集在一起，在楼下总是感觉到压抑，而在屋顶却能欣赏到宽敞的"景观"。

当时的屋顶环境尽管和如今的绿荫屋顶不能相比，但回想起来也蛮有意思的。塑料箱里养殖的植物也能开花结果，显示自然界生命力的顽强。掉落在屋顶地面的晾衣绳和堆积的大雪预示季节的变化，每次到屋顶总能多感受到风的凉意。对没有庭院的人们来说，屋顶理所当然作为多用途野外空间。

如今从政的建筑师金真爱在《建筑师住什么样的房子》一书的"我人生的屋顶宴会"一文中这样写道："在屋顶可以玩火戏水，可以迎接雨和雪。在屋顶的一小块地中可以感受自然的力量。我在我的屋顶中认识了世界，改造了世界。"

屋顶的基本特征现在也没有什么变化。需要强调的是，城市化加速发展的当今社会，屋顶作为绿地空间的作用不断加强。本文简要介绍屋顶绿化的基本特点、效果以及普及推广屋顶绿化的有关援助制度。

一、何为屋顶绿化？

正如词义所表达的，屋顶绿化是把建筑物的屋顶部分进行绿化，广义上讲，是人工地表绿化的基础概念。以建筑屋顶为首，停车场、地下设施上部，这些都不是自然地表，而是人工地表。人工地表绿化就是以这些人工地表为对象，在人工结构物上部形成人为的地形和土壤层，种植植物或者制作水空间而形成绿地空间。[以下内容参照韩国人工地表绿化协会（社）主页]

众所周知，在大城市中没有多少空地可以作为绿地空间。有一些公共设施和制造业整体搬迁至城市郊外时，在留下来的空地上可以实施公园化工程。但是这种情况越来越少，土地获得也越来越困难，加上高额土地费用，都成为公园绿地规划的绊脚石。以前大多以大面积的公园绿地扩充为规划原则，而如今着眼于以点、线绿化连片为主。大家都认为建筑物是城市变成灰色的"主犯"之一，如何将这些"主犯"顶部变成绿地空间，使之成为连接分布在城市内各绿地空间的"点据点空间"和生态河垫脚石？这个问题颇为引人注目。屋顶绿化无须其他土地补偿费用，可以增加城市绿地面积总量，成为新的绿地事业对策。此外，屋顶绿化在城市环境里引入自然要素，生成生物栖息的空间，为难以接触自然的城市居民生活空间附近，提供丰富的生态绿地环境，供人们享用。屋顶绿化提高灰色城市的景观，给予居住在高层建筑的人们心理安定感。此外，在净化空气、气候调节、降低噪声、雨水回收利用等物理环境的改善，提高城市知名度，保护建筑物，节约能源等方面具有很好的经济效果。

屋顶绿化的最大特点之一，就是在没有自然地表的地方，也就是在没有自然土地的地方种植植物进行绿化，所以需要与自然土地绿化方式不同的、相对完善的施工方法和技术（各种施工方法和技术参照本篇第二章）。在植物的生长方面，人工地表毕竟逊色于自然地表，所以在选择树种、选择土壤、灌溉对策以及特殊的维护管理上，需要细致的研究。另外，屋顶绿化不能影响建筑物结构的安全，必须充分考虑防水防锈等影响建筑物安全的各种因素。

韩国人工地表绿化协会（社）将包括屋顶绿化在内的人工地表绿化中需要考虑的主要事项分为如下 7 项：①屋顶绿化必须有综合性设计和施工。②必须考虑确保建筑物的安全性。③要确保排水畅通。④要选择合适的植物种类。⑤必须有植物计划和维护管理计划。⑥必须考虑屋顶绿化荷载。⑦充分确认风的影响（有关屋顶绿化更详细的注意事项参照第 20 页）。

二、屋顶绿化的效果

前面简要介绍了屋顶绿化的特点和效果，下面更具体地介绍屋顶绿化的优点和效果。

第一个特点是，通过城市绿地空

图 1　江南区政府屋顶公园（© 首尔特别市）

图 2　作为孩子们生态学习场所的比德尔·蒙蒂之声屋顶公园（© 首尔特别市）

图 3　作为区域居民交流场所的西部监利教会屋顶公园（© 首尔特别市）

间的扩充，在环境污染的防治、城市生态体系的恢复、气候调节、节约能源、减少噪声、雨水的回收利用等方面得到较好的环境效果。绿地植物可以吸收二氧化碳、二氧化硫等大气污染物质，释放氧气，造就多种生物能够栖息的生态环境，可以恢复城市绿地功能和生态体系。此外，根据不同的绿地环境，可以充当野生昆虫和鸟类的迁移通道，这是绿地网络的点式要素。地球的温室效应日趋严重的今天，绿地的气候调节作用尤其引人注目。屋顶绿化均位于城市中心，在缓解城市热岛效应、降低城市冷热源使用、湿度调节等方面起着充分的作用。此外，屋顶绿化可以储存雨水用于浇灌树木，可以预防瞬间暴雨引发的城市洪水。屋顶绿化的土壤层除可以吸收声波减少噪声外，还可以充当隔热体利于节约能源。根据韩国建设技术研究院的试验研究数据，有屋顶绿化的建筑物可以降低 6.4% ~13.3% 的冷热源使用率。更为可喜的是，首尔市在 2010 年的屋顶绿化建设中，引入新再生能源设施，试点亲环境建筑物的建设工作，不仅降低冷热源使用率，还能生产能源。

第二个特点是屋顶绿化具有良好的经济效果。有屋顶绿化的建筑物具有更长的耐久性，屋顶绿化体可以有效降低因酸雨、紫外线等引起的建筑屋顶防水层和墙壁的退化现象。公园式外部空间住宅小区房价要高，与此类似，做好屋顶绿化的建筑物其价值也在升值，出租收入也在增加。另外，还影响到商家的营业收入。最近各大百货名店投入大成本争先恐后建设屋顶空间作为顾客的休闲场所，就是一个鲜明的例子。此外，从政府层面认可屋顶绿化面积可以作为用地绿化面积，广泛引起业界对屋顶绿化的建设热情。有屋顶绿化的建筑显著降低冷热源费用，在环境和经济方面均

图4　以往的屋顶如图片所示只有设置太阳能发电设施，而到如今屋顶设计都在同时考虑绿化和太阳能电池板。首尔市在这个方面更进一步，在 2010 年的屋顶绿化建设中，引入新再生能源设施，试点亲环境建筑物的建设工作，不仅降低冷热源使用率，还能生产能源

有很好的效果。

　　最后的特点也就是第三个特点是，屋顶绿化具有很好的社会效果。最有代表性的就是消灭了有碍城市景观的光秃秃的屋顶，使城市景观有了质的飞跃。只要我们积极促进"我们的屋顶绿又绿"，相信不远的将来，灰色城市的"罪名"会悄然离我们远去。

　　与此同时，正如前面所讲的金真爱的格言"我在我的屋顶中认识了世界，改造了世界"那样，屋顶庭院是与城市的复杂环境相对隔离的、封闭的空间，为忙忙碌碌的城市居民提供快乐的休闲空间。尤其是高楼大厦的屋顶庭院，对在物理上、心理上与大地有距离的楼内工作和生活者来说，从情绪上给予安定感，给予工作间隙中接触自然的机会，包括孩子在内的城市居民都可以亲近自然，进而使屋顶庭院成为自然生态环境教育场所。事实上，许多屋顶庭院都正在做环境教育，在幼儿园和学校的屋顶庭院大多作为环境教育场所。和环境教育场所类似，对大众开放的屋顶庭院成为区域性公众交流场所。包括医院在内的许多公共屋顶庭院举办小规模的文体演出和集会，成为公共文化场所。这个方面可以参照首尔市的一些做法，首尔市决定自2010年起，凡是接受政府援助的屋顶庭院工程，均应在建筑物出入口标贴写有"此建筑物的屋顶庭院工程接受政府援助"的标语和开放时间，以利于更多的民众享受屋顶花园。

三、屋顶绿化的推广普及

　　具有上述各种优点的屋顶绿化，随着城市内绿地面积的减少，将会更加

图5　德国的屋顶绿化范例

普及并扩大。以首尔市为首，京畿道、大邱市、西归浦市、安山市、丽水市、仁川市、全州市、昌原市等地方也在纷纷制定各种屋顶绿化援助制度，促进屋顶绿化事业的普及和推广。展望未来，有关屋顶绿化的接受援助活动将会日益活跃起来。

　　首尔市编辑出版的《首尔，要在绿色光中睁开眼睛》、《屋顶上的绿色连续剧》等屋顶绿化广告宣传册子，介绍了幼儿园、学校、医院、宗教设施、写字楼、公共设施、福利单位、私人住宅等建筑屋顶绿化案例，宣传屋顶公园的诸多好处，系统地介绍屋顶公园的体系和注意事项。首尔市与韩国建设技术研究院、韩国人工地表绿化协会（社）共同编写的《屋顶绿化系统设计指南及相关图书制作指南》直到今天仍作为屋顶绿化必备资料的代表作，为屋顶绿化的设计施工

图6　月谷综合社会福利馆屋顶公园施工全景（© 首尔特别市）

图7　月谷综合社会福利馆屋顶公园建成后全景（© 首尔特别市）

作出了贡献。（2009年10月，韩国国家国土海洋部委托韩国建设技术研究院，由金贤洙博士执笔，编写的《建筑物绿化设计标准（草案）以及鼓励研究开发设计资料有关规定》报告书，可供参考）

首尔市还创建屋顶公园化研究会，会员来自各行各业，包括民营开发商、公共机构管理人员、设计和施工企业以及25个分区公务员等，提供有关屋顶公园的丰富信息和资料。屋顶公园化研究会于2009年4月23日创建，与会人士讨论热烈，参与积极性颇高。会上，

宋正燮博士（农村振兴厅）的"屋顶公园可种植植物以及管理要点"，金贤洙博士（韩国建设技术研究院）的"屋顶绿化系统的设计与施工"，李江悟事务处长（绿色信托基金）的"开发屋顶田地的喜悦"等论文报告，吴海英课长（首尔市绿色城市局）作的"屋顶公园化事业发展情况以及日后预期"的介绍等，列举了许多好的经验，提供了可行的技术支持。会上，开发商和市民提出了屋顶花园的冬季管理、瑕疵保修、防腐木材、施工的最佳时机、施工工期等问题。作为会议子项，同期举行了材料展示会，得到许多材料业者的响应，有八家企业［Landarchi Eco-Tech，Barratee end（株），新春造景（株），Eco & bio（株），Italic，韩国城市绿化（株），韩国 CCR（株），韩设绿色（株）］拿出各种材料样品，进行订货洽谈。

与这些活动并行，自2000年到2009年年末，首尔市一共完成339处，总面积151672m² 的屋顶绿化，大小相当于首尔市钟路区东崇洞的落山公园面积。2010年首尔市计划完成大法院等公共建筑物50处和民间建筑物110处、总面积52937m² 的屋顶绿化（相当于仙流道公园一半大小）。

作为参考，介绍一下首尔市的屋顶绿化补贴方法：对市府所有建筑物予以100%的补贴，对分区以及事业单位所有建筑物予以70%的补贴，对民间所有建筑物予以50%的补贴。2010年度公共机关屋顶绿化工程总支出额为75亿韩元，涉及面很广，包括大法院、市政府大楼及区政府大楼、自来水事务所、消防署等官府公署，以及儿童之家、青少年训练馆、文化会馆、老年人福利馆、老年人医院、勤劳福利委员会等居民服务设施，还有首尔大学、首尔

图8 屋顶田地实例1（© 京畿道农林振兴财团）

市立大学等学校。2006 年首尔西部地方法院成功建设屋顶花园引起轰动，被法院借助报纸大量宣传以来，先后有宪法法院、高等检察厅、大法院、南部地方检察厅、南部地方法院等总计 7 所公共机关也相继开展屋顶公园的援助申请工作。

民间建筑物的情况是，2008 年年底前竣工、可种植屋顶面积超过 99m^2 的建筑物均可以申请。经过区政府的现场调查和市政府审议委员会的审查，符合条件的建筑物都可以得到补贴。位于屋顶公园化特别实施区南山荆棘圈区域内的民间建筑物最多可以得到 70% 的政府补贴。可种植屋顶面积小于 99m^2 的小型建筑物也能得到援助，不过需要与首尔市绿色信托基金合作，在屋顶的通道边运营箱式田园种植模式。

京畿道的情况是，通过京畿农林振兴财团，持续推进屋顶绿化事业已有六年多。2010 年计划挑选 5 种不同类型的建筑物作为示范场地，推进屋顶田园制造事业（京畿农林振兴财团计划 2010 年 6 月底推出面向普通居民的屋顶绿化实施细则）。所谓屋顶田园制造事业，就是利用城市内建筑物屋顶的有效空间栽培农作物，达到扩充二氧化碳吸收源、降低热岛效应、提高城市景观效果的

同时，让居民们体验农业的重要性，也是城市绿化事业的组成部分。申请的示范场地获得批准后，需要提供详尽的基本设计图纸，验收达到屋顶田园样板工程标准，可以得到 70% 的补贴。5 种不同类型的建筑物分别是商业设施、教育设施、福祉设施、与农业相关联的设施、居住设施，其屋顶面积均要达到可栽培面积 99m^2 以上的要求。按照不同类型的建筑物，规划设计与之相适应的屋顶田园，根据访客的不同活动主题，栽培与之相适应的农作物。在发达国家，屋顶田园的推广应用非常活跃，曾经有报道说日本六本木希尔兹商厦，在屋顶举办农村体验活动邀请市民参加，既让市民就近体验农村生活，也引导他们顺便进行购物，达到双赢的效果。屋顶田园不仅仅是欣赏的地方，生产的农作物也能作为餐桌上的食物。

结束语

因文章篇幅所限，仅介绍首尔市和京畿道的部分屋顶绿化援助事业的有关内容。其实很多地方都在根据自己的特点和不同情况，改进和制定相应的实施条例，完善援助制度，扩大屋顶绿化事业的普及率。只要我们不断完善有关制度，完善屋顶绿化设计施工方法，相信我们的屋顶花园，这个离天空更近的屋顶空间不是阻碍城市景观的"罪犯"，也不是"灰色城市"这个污名的"主犯"，屋顶空间必将成为都市里的沙漠绿洲，必将作为发展绿色空间的对策之一，为解决全球环境问题作出很大贡献。

图9 屋顶田地实例2（© 京畿道农林振兴财团）

屋顶绿化的变迁和发展方向
以制度性、技术性变化过程和近期主要观点为中心

金贤洙　韩国建设技术研究院建筑图示研究室，工学博士

韩国的屋顶绿化，起初只是利用屋顶的一部分，做一些花坛植物种植，也就是箱式屋顶田园种植。期间在建筑设计理念上也尝试作为城市里的休闲场所，但是大部分情况都是为了满足《建筑法》所规定的绿地面积比例而设计屋顶绿化。随着城市化的加速发展，保证新绿地空间的难度也在加大，对屋顶绿化的关心和需求也随之持续增加。城市的热岛效应、疾风暴雨引发的城市洪水等气候变化，启发我们重新认识屋顶绿化事业，认识到屋顶绿化不仅是城市绿化的主要手段，而且是解决气候变化问题的有效手段。最近有些地方，甚至将屋顶绿化作为绿色城市的实现手段。本文主要讨论韩国屋顶绿化的发展过程，讨论先进发达国家在屋顶绿化方面的情况以及发展方向。

一、制度性变化

目前韩国还没有建立适当、有效运用和管理屋顶空间的相关法律制度。《建筑法》规定屋顶绿化面积可以作为用地绿地面积指标是目前唯一的法律依据。这个依据以《建筑法》的有关条例为基础，制定造景绿化标准，将屋顶绿化等人工地表绿化列入建筑物的绿化指标中。2009年韩国国土海洋部根据"屋顶绿化援助"方针，发布《建筑物绿化设计标准以及鼓励研究开发设计图书资料有关规定》。这个规定是以后建筑物绿化制度的制定和技术开发的重要基础。由于屋顶绿化可以替代自然地表绿化面积指标，在实际操作中存在屋顶绿化面积在增加，而自然地表绿化面积在减少，凸显成反比例属性的结构性问题。因此，有必要从制度上分离屋顶绿化与造景绿化，或者出台重新定义建筑物绿化的法律规定。与《建筑法》的规定不同，生态面积率指标具有改善城市生态的功能，可以确保城市的生态健康。从制度上把屋顶绿化纳入生态面积率指标范畴，是个不错的选择。生态面积率指标被住宅性能等级指标制度和绿色建筑物认证制度所采纳，对包括屋顶绿化在内的各种生态空间组成技术的开发和运用，起到综合性引导作用和手段。

二、技术性变化

图1　韩国屋顶绿化技术发展阶段

第一阶段　屋顶绿化技术

20 世纪 90 年代实施的大部分建筑物屋顶绿化，由于是刚刚起步，对屋顶绿化的理解不深，技术不足，绿化产业没有成熟起来，都停留在如何防止屋顶漏水、如何维护管理的相对原始阶段。将自然地表绿化方法照搬到屋顶，自然无法保证建筑物的耐久性，也不利于持久地管理屋顶绿化空间。第一阶段的屋顶绿化技术主要是在原有建筑物的屋顶上添加绿化。自从韩国的屋顶绿化施工方法形成系统产业化以后，屋顶绿化的技术性问题也开始凸显。这种屋顶绿化施工方法是纯粹的造景（绿化）技术，虽然没有能够很好地与建筑技术相配套，但是对以后的排水板、透水系统、排水土壤、土壤培育等屋顶绿化技术开发起了很大作用。

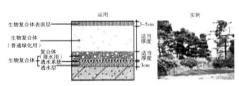

图 2　韩国最初的产业化合成工法和施工实例

第二阶段　屋顶绿化系统技术

首尔市完成的屋顶花园"草绿色庭院"，是最先协调考虑建筑技术和造景技术的项目，也就是首先采用屋顶绿化系统技术，成为绿化设计施工技术的转折点。根据绿化系统的载荷量，精确进行结构安全分析，实施结构加固。在此基础上，进行屋顶防水层、排水层、土壤过滤层、土壤层、植被层等绿化设计施工技术。如果说以前的屋顶绿化技术与自然地表造景技术没有多大的差别，那么"草绿色庭院"的完工可以认为是建筑技术与造景技术相协调的、最初阶段屋顶绿化系统技术的结晶。根据

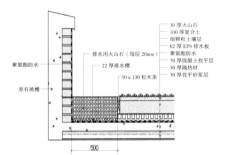

图 3　首尔市"草绿色庭院"屋顶绿化系统

屋顶绿化类型的不同特点，"草绿色庭院"采用了低管理轻型屋顶绿化系统技术，也是最普遍采用的屋顶绿化系统技术，其核心技术是采用了具有蓄水功能的自行排水板。"草绿色庭院"成为首尔市屋顶绿化民间援助事业的技术标准典型案例，为屋顶绿化系统技术的开发起了重要的促进作用。

第三阶段　绿化屋顶系统 [①]

第一阶段的屋顶绿化和第二阶段的屋顶绿化系统，都是在原有的建筑物上实施屋顶绿化的方法，在技术和其他方面自然存在一些缺陷。第三阶段的绿化屋顶系统则可以是建筑和造景完全融合的屋顶组成设计施工方法。

从技术观点，在韩国最初实施的绿化屋顶系统是 C 公司的 ART 设计施工方法，它是从德国的 DAKU 绿色屋顶系统中引进的技术。这种技术的特点是，综合考虑保温、屋顶坡度、防水、防树根穿透等建筑技术要素和储水、排水、土壤过滤、土壤合成等造景技术要素，采取外保温设计施工方法。由于这种方法使得在构造上，建筑和造景完全分离，实施难度加大，在实际工程中较少采用。

在新建工程中，率先采用绿化屋顶系统的是首尔永登铺绿色公寓幼儿园，它运用了韩国建设技术研究院 2003 年开发的外保温设计施工方法。其做法是，在屋顶结构层上依次设置聚乙烯水泥砂浆层、保温层、防水层、排水层、透

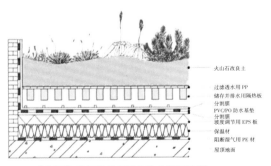

图 4　韩国最初的绿化屋顶系统技术断面示意

① 所谓绿化屋顶系统，就是把结构主体、保温层、防水层、防树根穿透层、土壤层、植被层统合为一种的建筑物外装系统，是一种新的设计施工技术，是把建筑技术和绿化技术完全融合为一体的全新的屋顶组成设计施工方法，与在新建和既有建筑物上追加屋顶绿化的方法完全不同

首尔市的"草绿色庭院"

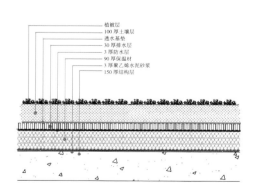

植被层
100 厚土壤层
透水基垫
30 厚排水层
3 厚防水层
90 厚保温材
3 厚聚乙烯水泥砂浆
150 厚结构层

图 5　韩国建设技术研究院外保温绿化工法及案例

水基垫、土壤层、植被层。这种技术的核心就是，利用聚乙烯水泥砂浆层阻断结构层与保温层之间的湿气流动，利用排水层保护防水层免受物理冲击或者被上部荷重挤压破坏。

与常用的绿化屋顶系统技术不同，2004年开发了将保温层和防水层倒置，以保护防水层的"逆屋顶"施工方法。其代表作就是屋顶面积为2800m²的京南高城郡恐龙展览主题馆的绿化屋顶系统。由于保温材料的物理耐久性差，当保温层暴露在防水层上部时，其保温性能受到影响。如何开发耐久性能好的保温材料，是这种施工方法的关键。现阶段在韩国没有适合"逆屋顶"施工方法的保温材料可供使用，随着绿化用保温材料的开发和供应量的提高，这种"逆屋顶"式绿化屋顶系统，也将广泛应用于绿化屋顶系统工程中。

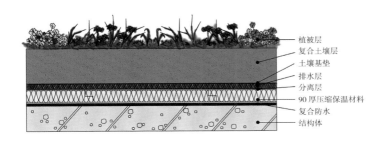

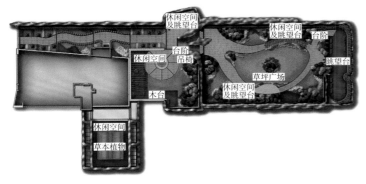

图6　韩国建设技术研究院"逆屋顶"绿化屋顶系统技术断面示意与案例

三、近期发展方向

1. 屋顶空间使用看法和需求的多样化

随着城市气候变化成为城市管理的焦点，作为分散式雨水管理[①]之一的屋顶绿化更加显得重要。屋顶绿化技术从源头上调节储存雨水量，对河流的水质管理也有好处。

2008年英国伦敦将屋顶绿化概念从"绿色屋顶"扩展到"生活屋顶"。在西欧通用的"绿色屋顶"中引入"休闲屋顶"，将屋顶空间当作城市的又一个生活空间。屋顶绿化不仅解决城市的绿化需要，还可以附带解决城市休闲空间的扩充需要。

最近以来，减少传统能源，增加新再生能源的生产和供应的能源政策摆在了我们的面前。由此产生屋顶空间的绿化与能源生产之间争夺空间的有趣的矛盾，就是在屋顶光伏电池的设置与城市绿化之间的矛盾。为此相继出现绿化与光伏发电相结合的新的绿化系统（参照图9）。美国能源部长斯蒂文·CHU在2009年伦敦气候变化研讨会上，主张大力发展"白色屋顶"。此后在韩国也针对白色屋顶的运用和效果提出要进行科学论证的建议。

面对城市绿化、气候调节、休闲空间、光伏能源生产、增大太阳光反射面等诸多需求，城市屋顶的使用受到广泛关注。此外，屋顶作为城市农业空间的作用也在扩大，城市屋顶的使用也随之愈来愈复杂化。

2. 生态系统的组成和屋顶绿化

屋顶绿化就是在建筑物的上部再生生物足以生存的土壤层的作业。在人工土壤层种植植物，引诱域外动物加入，从而形成新的生态系统。以增加城市空间的生物多样性为目的，在建筑物的屋顶有意营造生态系统，这种观点值得肯定。

日本横滨市东京燃气环境能源馆的屋顶，就是由重量型屋顶绿化构成的

① 所谓分散式雨水管理指的是，在水循环过程中有效调节蒸发与渗透的相互关系，使得开发后雨水的净流出量降低的一种全新的雨水管理方式。目前的雨水管理方式是以将集中起来的雨水迅速排出为目的，而分散式雨水管理是通过蒸发与渗透的技术管理，做到不增加开发后的雨水流出量

图 7 构成生态体系的屋顶绿化案例

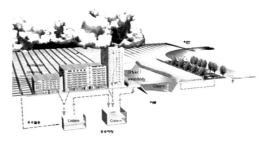

图 8 德国柏林波茨坦广场的水循环系统和绿化系统

生态系统的典型代表作。在这个案例中，生态系统的保持，满足开发需求的技术可行性都很明确，以特定生物种类的复原为目标的生态系统和屋顶绿化的相互联系性一目了然。

3. 分散式雨水管理和屋顶绿化

　　与混凝土屋顶不同，绿化屋顶可以吸收储存雨水，以大部分蒸发的方式处理雨水，是最有效的分散式雨水管理。绿化系统的土壤层，还可以把雨水中的污染物进行吸附、过滤、分解，可谓是水循环系统的前处理技术。

　　德国柏林波茨坦广场，是把雨水水循环系统和绿化系统作为一体的典型案例。原先广场流出的雨水直接流入下水管道，如何最大限度地降低雨水的流失成为该工程开发的技术议题。如图8所示，首先在建筑屋顶引入绿化系统，来消化雨水。这个屋顶绿化系统由于采用水循环系统的前处理技术，屋顶被设计成轻量型低管理绿化系统，尽量降低土壤层的含水量，提高雨水处理功能。通过绿化系统，把年降水量的55%～85%由土壤层和植被吸收并蒸发，余下的雨水流进地下蓄水池储存。蓄水池与外部的水空间相连接，可以作为造景、中水循环使用。这个案例是完美的生态外部空间构成，在解决城市洪水和热岛效应方面指出了绿化屋顶技术开发的发展方向。

4. 能源生产和屋顶绿化

随着太阳能的广泛利用，屋顶空间也经常作为光伏电池板的设置空间。在这个过程中，认为绿化影响太阳能设备的施工、太阳能发电生产更为经济的观点在逐渐扩大，绿化与能源生产冲突的现象也在发生。

针对这些问题，德国的 ZinCo 公司开发生产能够同时满足两个对立需求的绿化系统。绿化系统具有冷却和吸附微小颗粒灰尘的功能，对提高太阳能的发电效率有显著作用。此外，绿化基层可以作为光伏电池板的基础，通过先进技术和构思，较完美地解决两者之间的矛盾，是值得推广的案例。

结束语

屋顶空间原本被认为是影响城市景观和生态问题的原因，如今却在解决城市生态问题和气候变化方面，成为了可挖掘的潜在空间。随着实用技术的不断完善，有关丰富生物多样性、城市气候变化对策、营造休闲空间、新再生能源的生产等方面的技术问题不断得到解决，屋顶的重要性越来越得到重视。

当今是绿色成长时代，绿色屋顶的建设面临新的挑战，建设趋于多样化，需要不断地涌现新的技术予以应对。相比之下，韩国的绿化技术还只停留在胚胎阶段。为了激发技术开发的积极性，提高技术的市场竞争力，有必要制定法律法规和制度。目前建筑和造景的土地开发制度的完全分离，从源头上阻碍了绿化屋顶系统技术的开发和运用。本文用作者的经验整理了屋顶绿化的变迁和最近的发展方向，诚恳地希望能够成为屋顶绿化技术发展的垫脚石。

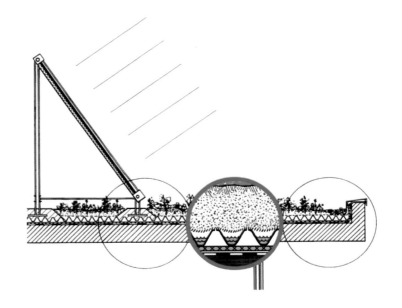

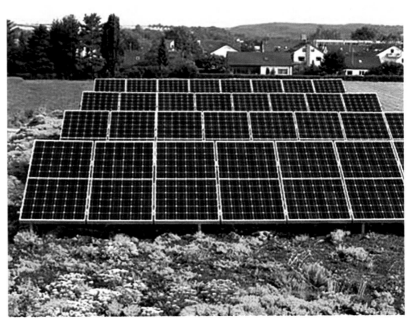

图 9　与光伏电池板融为一体的绿化屋顶系统（德国，ZinCo）

参考文献

金贤洙等，复合功能性生态建筑外皮组成技术开发，第 3、4、5 次年度报告书，韩国建设技术研究院，2005~2007.
金贤洙等，建筑物绿化设计标准（草案）以及有奖图书开发，国家国土海洋部，2009.
Senatsverwaltung für Stadtentwicklung，Innovative Wasserkonzepte，Berlin，2003.
Greater London Authority，Living Roofs and Walls，2008.
http://www.zinco-greenroof.com/EN/index.php.

屋顶绿化设计与施工注意事项
以国土海洋部 的建筑物绿化设计标准为中心

张大熙 · 韩国建设技术研究院

近年来，大城市和地方都在积极推进城市绿化事业，纷纷把城市绿地的保护和扩展作为城市环境改善事业的头等大事来抓。由于大城市的开发建设都已经具有很大规模，确保可能的绿化用地已经非常困难。尤其是在城市中心，几乎所有的土地均被房屋所占领，不拆除建筑物是不可能建设绿地的。想在城市中心挖掘可绿化的空间，只能在建筑物的内、外部空间上打主意。即便是找到一块可绿化用地，由于城市中心区域地价很高，作为绿地的性价比低，往往被排除在首选之外。现实可行的绿化方案，只能落在绿化建筑物的内、外部空间上，也就是说，绿化建筑物来保持城市中心以及居民生活圈内的绿地，成了城市绿化对策之一。

鉴于现实情况，韩国国土海洋部提出了建筑物绿化设计标准。该标准首先对建筑物的绿化作了定义，指出：所谓建筑物的绿化就是在《建筑法》第二条规定的建筑物的室内、屋顶、墙面等位置种植植物并使其持续地生长。其次，有别于以往的造景设计，针对建筑物绿化的组成要素，提出最低限度的基本标准，保持建筑物绿化设计的一贯性，保证设计的合理性和有效性。在此，针对设计、施工以及维护管理，提出了建筑物绿化设计的通用基本原则和要求。

本文简略介绍韩国国土海洋部建筑物绿化设计标准，探讨有关屋顶绿化设计施工的注意事项。

一、建筑物绿化设计标准的产生

建筑物的绿化领域，以前很少引起重视。在原来的造景领域中也局限在很小的业务范围内，在制度和相关法规上所提及的内容很

少，市场规模自然也没有形成。2000年以后，随着技术和材料的不断研发和成熟，屋顶绿化部分得到了长足的进步。但是墙体绿化部分始终处于艰难起步阶段，韩国环境部自1998年提出《建筑物立面绿化指针（1998年）》后，再没有后续的技术标准出台。

迄今为止出台的与建筑物绿化相关的设计标准或者有关性能和功能的行政条例有：

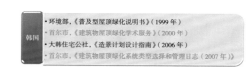

韩国有关建筑物绿化技术标准

德国和日本都是建筑物绿化先进国家，都发布有法律层面的技术标准和以国家标准为基础的学术性技术标准，为建筑物绿化打下了坚实的基础。

国际上有关建筑物绿化技术标准

	德国	日本	韩国
系统类型划分	重量型 单纯重量型 低管理轻量型	屋顶绿化系统 屋顶绿化轻量系统	重量型 混合型 低管理轻量型
植被形态	依绿化类型区分 （重量型 / 单纯重量型 / 低管理轻量型）	—	要求植物社会学基础研究和经验
应用类型	—	依应用类型区分 （庭院型 / 草坪型 / 菜园型 / 生态型 / 粗放型）	依据国外案例
组成特点	概要 / 类型区分 / 系统 / 维护管理 提出构成要素的不同标准	概要 / 植被基层 / 材料 / 工法 / 维护管理 提出系统的不同标准	拟采取构成要素的不同标准
制定主体	民间机构（FLL）	国家机关（国土交通省）	国家机关（国土海洋部）
实施细则	×	○	○

韩国国土海洋部 2009 年制定的技术标准，将建筑物绿化类型划分为重量型、混合型、低管理轻量型等三种类型，反映依据系统重量，其土壤层、适用植被、组成要素等的不同变化的现实特点。根据符合国情的植被形态和应用类型，提出相应的技术标准。整体上，设计标准由建筑物绿化各构成要素的性能、标准和设计施工注意事项组成。把有奖设计图书收录为设计标准附录，作为处理反复使用部位和容易发生瑕疵部位的细则使用。设计标准由韩国国土海洋部主导，提升了等级，与其他标准并列，作为独立的造景分支，最低限度地降低与建筑之间的冲突，有效地协调建筑与造景的融进与复合。

二、建筑物绿化设计标准的组成

建筑物绿化设计标准，有别于《建设技术管理法》第 34 条规定的建设工程或者该建筑物的造景设计，是针对建筑物绿化的组成要素，提出最低限度的基本标准，保持建筑物绿化设计的一贯

性，保证设计的合理性和有效性。同时，针对设计、施工以及维护管理，提出了建筑物绿化设计的通用基本原则和要求。

建筑物绿化设计标准的组成具体如下：

1. 建筑物绿化定义

包括法律性、学术性定义在内，提出有别于一般造景的系统性技术标准。

2. 建筑物绿化类型划分

包括屋顶、墙面、室内等不同空间类型标准化在内，提出符合国情的系统类型划分标准。

3. 系统应用的事前考虑事项

提出与建筑物绿化有关的建筑影响因素以及基本考虑事项。

4. 建筑物绿化系统组成要素的性能和标准

提出防水、防树根穿透、排水、培育层、植被层等功能性组成要素的区分以及性能标准，提出墙体绿化、室内绿化等的组成类型、各自的组成要素以及不同类型的基本设计标准和性能条件。

5. 安装设施物的注意事项

进行建筑物绿化时，伴生设施物的安装，提出相关的注意事项，可以作为设计者、施工者和普通市民参考的通用指南。

6. 建筑物绿化系统维护管理指南

提出维护管理、竣工验收、绿化设施管理、植被管理等可持续性维护管理基本事项。

三、建筑物绿化设计标准：屋顶绿化部分主要内容

屋顶绿化分支设计标准贯穿整个绿化系统，由各个层（layer）构成要素的一般事项、性能条件和设计基准，以及施工注意事项组成。

1. 建筑工学方面的考虑事项

—— 确保利用屋顶时的安全性：提高栏杆高度

—— 屋顶倾斜度：排水顺畅与植物生长所需土壤保湿

—— 适当的荷重以及相应的层厚度：考虑最大含水荷重的层构成

—— 排水及防水、防树根穿透：确保结构耐久性

—— 标的物周边环境：大气污染的影响，气流特点，风压

—— 阳面、阴面、阴阳面交叉面积：不同建筑形状的设计考虑因素

—— 建筑物的强降雨诱导状态

—— 屋顶暴露程度

—— 太阳光墙面反射负担

—— 附着建筑构件传来的附加强降雨水量

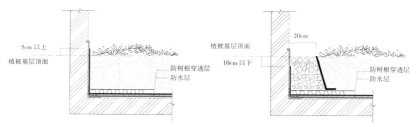

屋顶绿化边缘不同处理方式时的防树根穿透层上部的不同高度

不良防水层案例

2. 防水／防树根穿透层

防水和防树根穿透层所采用的材料，不能含有危害植物的成分。通常使用的建筑物防水材料，随着长时间接触水分，都会释放出危害植物生长的成分，屋顶绿化工程不能使用此类防水材料。参照现行技术，选择重量型和轻量型屋顶绿化，有必要详细探讨防树根穿透对策、防止植物根茎穿透防水层长期损害防水功能。选择根茎发育强的禾本类植物，尤其要引起设计注意。分片实施屋顶绿化时，要整体上考虑采取防树根穿透措施，不能仅仅考虑植物生长区域。尤其在防树根穿透材料的连接部位、端部、截断部位和屋顶贯通部位等位置，都需要防止植物根茎的侵入。

3. 保护层

保护层所用的材料必须是抗机械损害能力强、能够持续保护防水／防树根穿透的材料，不应受静力学、动力学、热力学的影响而改变其性能。"施工期间的建筑性临时保护措施"也属于行使保护层的范畴，应防止施工期间的机械损害。在通常的施工条件下采用浮石型保护层时，应使用 $300g/m^2$ 以上纤维。施工条件较差或者在防水层和防树根穿透层上堆放后续材料可能引起损害时，可以采用板式保护层。

4. 排水层

选用合适的排水层材料，通常筛选掉带尖的或者扁突的土壤骨材。当采用排水板材时，由于排水板材质地坚硬，受挤压时容易对防水／防树根穿透层造成影响，需要额外的保护层。根据屋面倾斜度、凹凸程度、建筑工法中的特殊要求，尽量做到平直。水平误差每 4m 不超过 1cm，并且要保证最小层厚度。做到排水层不受上部层的影响。当使用排水组件和排水板时，其水平度与屋顶的平直有很大关系。屋顶倾斜度 2% 以下的情况，不平直或者容易发生滞水的部位，采用建筑处理方式予以解决。

5. 过滤层

按照目前的技术状况，屋顶绿化中的过滤层大多采用浮石或者织物状土木纤维。采取特殊的工法直接铺在排水层上部，或者采用工厂制造的排水组件的配套品。通常的过滤层单位质量须达到 $200g/m^2$。添加高性能过滤材料时可适当减少。尽量少用阻碍植物的水分摄取或者植物根茎难以穿透的材料。尤其是轻量型绿化，植物根茎必须生长至排水层，不然影响植物生长。一般的排水板都有潜流功能，如果植物根茎被过滤层阻断，则排水板失去潜流功能。浮石或者织物状土木纤维组成的过滤层没有特殊的施工要求，顺着结合面叠落成 10cm 以上即可。叠落至边上时，其高度抬高到植物基层表面。

6. 植物基层

选择植物基层材料和厚度时，要考虑以下条件：

防止土壤飞扬等作用。在屋顶绿化中常用的轻型合成系列人工土壤，其色泽不尽如人意，干燥时遇到起风到处飞扬，必须使用护根予以解决。使用护根还要考虑其适用类型。例如，在当做吸烟空间的地方使用易燃性护根材料，使用者的无意疏忽有可能引起火灾事故的发生。

土壤流失案例

7. 植被层

需要强调的是，选择植被时要综合考虑植物根茎高度和植物基层高度。在黏土或者有机土壤中生长的多年草不适宜移植到屋顶绿化中。

轻量型绿化中选用的植物，应该是在适当的氮施肥状态下生长、发育状态要好、抵抗恶劣环境的性能要好的植物。不能从温室直接移植，也不能直接使用野生多年草，鼓励使用通过栽培的植物。在容易干燥的地方实施重量型绿化或者在植被基层相对较厚的地方实施轻量型绿化时，要做合适的地毯式草坪。地毯式草坪不能含有紫苜蓿类草种，要在腐殖质含量中等偏下的沙土中栽培。

建筑关联方面	植物关联方面
除去有损建筑物的影响 —— 排水功能 —— 适当的荷重 —— 保护功能	除去有损植物的影响 —— 拟规划的绿化类型和植物形态的要求 —— 长期保障功能 —— 初期管理和维护管理的范围设定

所采用的材料不能因发生排气或者吸收水分而引起环境污染，选择材料时要考虑重复使用和废弃因素，不能含有危害植物的成分。

植物基层的有机物含量控制在重量型为 6% 以下、轻量型为 10% 以下为宜。如果有机物含量过高，初期的生长和开花率很高，由于植物急剧膨胀，中后期难以维持，达不到原先的期望。覆盖在土壤表面的材料称作护根，具有防止侵蚀、保持水分、减少移入植物、

植被基垫应满足植物的栽培、运输、铺设、使用目的等条件。植被基垫过于张紧的植被基层应符合土木纤维的要求。浮石基层的场合，做到基垫不与土壤分离，增加根茎有效穿透浮石层的功能。

植被基垫的厚度要均匀，铺设时不应出现空鼓，其上的植被发育良好、健壮。通过观察叶枝或叶枝段长度，甄别植被的生长优劣。基垫的收割、运输、铺设过程中，基垫土壤的损失不能超过 3%。

选择植物种类，应考虑生态的持续性、多样性、季节性、景观价值、性状构成等因素，采取适合植物特点的栽培技术。

8. 屋顶设施物和步道铺装

为了充分保证屋顶绿化的生态价值，尽量减少屋顶设施物和步

防护栏杆的高度的法律规定要大于120cm，有屋顶绿化的场合，必须从屋顶绿化顶面算起，高度要大于120cm

道所占的面积，利用设施物的底部空间布设排水层或排水通道。固定设施物的基础如螺栓固定等作业应在防水工程前完成，实施防水施工的时候，对这些凸出部位进行防水补强。风压较大的屋顶，采用螺栓连接固定设施物，防止设施物的倒伏引起防水层的损伤。

防护栏杆的高度一般规定为净高120cm（120cm，《建筑法实行令》第40条），有屋顶绿化的场合，必须从屋顶绿化顶面算起，高度要大于120cm，以满足法律规定。

9. 模数化 / 产业化 / 组合系统

板式或者箱式形态材料的单位尺寸规格统一起来，相对应地配置蓄水和排水、过滤和防树根穿透等，形成一体化的产业系统。模数化 / 产业化 / 组合绿化系统，适用面较广，原本可以大面积实行轻量型绿化却因建筑物结构性的限制而无法展开的场合，如阳台、露台等小型场地都可以使用。根据不同条件，采取混合型绿化类型，甚至可以种植灌木类植物。

绿化系统一般以农场栽培搬运到现场为实施原则，搬运植物需要特殊定做的车辆，这种车辆必须做到抗风，避免遇到强风导致植物掉落发生二次伤害，炎热的季节可以动用大型车辆，做到植物损毁的最小化。绿化初期植物茂盛，在搬运过程中，尤其需要越过已

铺设绿化表面，防止踩踏绿化组件边缘，造成组件损坏和影响植物生长。为此，在设计阶段，必须规划移动路线，这对日后的维护管理也有益处。

四、建筑物绿化有奖设计图书的产生

建筑物绿化设计图书是建筑设计和造景设计的复合设计，必须是高质量的设计。只有高质量的设计，才能预防各种危及建筑物的致命性缺陷，使工程质量得到保证。本文详细论述建筑物绿化设计和施工，提供设计图纸框架，提高建筑物绿化设计质量和图纸设计水平。

建筑物绿化设计图书由绿化设计计划、设计内容和设计图纸组成。设计计划包括绿化地现状分析、计划确立过程等内容，设计内容包括各个要素的设计标准等内容，设计图纸必须是可施工的，符合施工技术要求。通常的设计目录如表2所示。

1. 图纸目录

2. 现状图

· 必须包括的内容：标的物位置图，现状照片，屋顶设施物和障碍物现状

· 制作现状分析图，提供充分的现场照片，为设计提供有效的资料

· 图纸比例：没有特殊要求

3. 设计概念图

· 必须包括的内容：屋顶绿化系统类型划分（轻量型、混合型、重量型），设计概念，适用范围（开放、不开放、部分开放），使用类型（休闲型、生态教育型、集会设施型），空间规划，移动路线，不同类型的区域界限，面积等

建筑物绿化（屋顶绿化部分）设计图书组成目录　　　表2

序号	名称	比例（A3）	备注
1	图纸目录	无特殊要求	
2	现状图	无特殊要求	
3	设计概念图	无特殊要求	
4	拆除计划图 / 结构补强图	选择适当比例	必要时
5	总数量汇总表	无特殊要求	
6	绿地体积图	1/50~1/100	
7	防水 / 防根茎计划图	1/5，1/50~1/100	
8	雨排水计划图	1/50~1/100	
9	植被基层组成计划图	1/50~1/100	
10	植物计划图	1/50~1/100	
11	主要剖面图	1/30~1/50	
12	剖面详图	1/5~1/20	
13	通道铺装和设施物计划图	1/5~1/20，1/50~1/100	
14	其他（湿地、照明等）	选择适当比例	

• 标注屋顶庭院使用形态的利用类型

• 运用多种表现手段，表现空间设计概念

• 图纸比例：没有特殊要求

4. 拆除计划图 / 结构补强图

• 必须包括的内容：结构专业的协议内容，原设计现状

• 需要拆除或补强的部分，须先与建筑、结构专业协商后制定

• 图纸比例：选择适当的制图比例

5. 总数量汇总表

• 必须包括的内容：绿地体积表，防水数量表，排水板和排水检查口数量表，通道铺装和设施物数量表，人工土量表，照明数量表，植物数量表等

• 完整的竣工记录材料

• 图纸比例：没有特殊要求

6. 绿地体积图

• 必须包括的内容：屋顶绿化组成面积，绿化面积，绿化率（%）

• 各个区域面积和绿化施工警戒标记（明确处理缺陷责任方）

• 一般绿地占组成面积的80%以上，低于80%的应在图纸上注明与业主、设计者、开发商之间的协议内容

• 图纸比例：1/50~1/100

7. 防水 / 防根茎计划图

• 必须包括的内容：防水 / 防根茎工程细部设计（连接部位，边角部位，排水口周边，设施物的设置部，检查口周边等）

• 明确防水 / 防根茎工程使用材料和施工方法

• 容易发生缺陷部位的详图（连接部位，边角部位，排水口周边，设施物的设置部等）

• 与专业防水公司协商后设计，并由专业防水公司负责施工，提供防水工程关联企业（材料供应商和施工公司）的责任保证书

• 防根茎穿透材料要通过性能评价，选择获得安全性认证的产品

• 图纸比例：1/5，1/50~1/100

8. 雨排水计划图

• 必须包括的内容：排水路径，排水沟剖面详图，检查口（施工）详图，绿化系统剖面中的排水沟周边详图，排水板设置详图等

• 标注不同排水沟位置的屋顶绿化层底部坡度

• 排水沟上部检查口采用带盖形式，便于经常打开检查

• 确定屋顶周边水平、纵向排水路径和集中暴雨排水对策

• 确定附着建筑物（楼梯、水箱间、电梯间等）顶部雨水诱导方案

• 图纸比例：1/5，1/50~1/100

9. 植被基层组成计划图

• 必须包括的内容：明确不同区域不同种类植被所需土壤种类和荷重等

• 根据植物要求和建筑结构安全确认，确定绿化系统的荷重

• 选择除铺设型土壤以外的材料，需提供相关材料的技术资料

• 标注所选土壤种类的饱和密度

• 图纸比例：1/50~1/100

10. 植物计划图

• 必须包括的内容：植物密度详图，木架连接详图等

• 划分常青乔木、落叶乔木、常绿灌木、地被、水生植物、爬蔓类等植物种类，记录数量，制图深度要达到竣工图的水平

• 通过空间和移动路线构思，绘制植物规划图

• 提出风压等引起的植被初期损害防治方案

• 明确植物栽培时的注意事项

• 标识方位，标注成荫的位置范围

• 图纸比例：1/5~1/20，1/50~1/100

11. 主要剖面图

• 必须包括的内容：绘制完整的整体纵、横剖面图

• 结构体到植被部的垂直剖面详图

• 在总平面规划图中，使用键盘映射表标注剖面部位

• 图纸比例：1/30~1/50

12. 剖面详图

• 必须包括的内容：绿化系统剖面详图，出入口详图，土壤基垫（pelt）施工详图等

• 绘制结构体到植被部的垂直剖面详图

• 提出出入路口的雨水泛水防止对策

• 土壤基垫使用区域（与土壤接触部位）设计要求做到日后可以检查

• 图纸比例：1/5~1/20

13. 通道铺装和设施物计划图

• 必须包括的内容：各种材料的铺装面积，警戒用材质的长度和数量，铺装材料和设施物与绿化系统连接处的详图，安全栏杆设置详图等

• 花草类和灌木类分界标识，不同施工要素（土壤与设施物，土壤与结构体等）连接处详图

• 木质设施物要提供防腐确认书

• 规划平面时，充分考虑部分基层或者由不透水铺装材料组成的步道等阻碍排水的因素，确保排水路径

• 遵守栏杆法定高度（120cm，《建筑实行令法》第40条），充分把握与结构体固定处的防水问题，提出采用螺栓连接时的防水补强方案

• 鼓励设置植物标识板

• 图纸比例：1/5~1/20，1/50~1/100

14. 其他（湿地、照明等）

• 照明规划图：确定照明灯的规格、种类、数量，设计供电系统以及提出节电措施

• 湿地规划图：标注湿地与植被空间布置，绘制剖面详图，标示农田位置，提出日常保证水位以及冬季对比方案

• 依据对象特点和计划，追加必要的设计图纸

五、建筑物绿化设计图书制作注意事项

1. 必须保证屋顶绿化的安全性

必须检讨所采用的屋顶绿化设计与施工方法的适用性，包括绿化和步道荷重的影响，风荷载对绿化、树木、阴影等的影响，给排水设备，日后维护管理手段等是否满足屋顶绿化的安全性等。

2. 屋顶绿化和步道等的追加设施荷重必须符合设计荷重要求

栽植树木的场合，开始栽培时和成材时的荷重差别很大，设计时必须按照成材时的荷重考虑。土壤层的重量对荷重的影响最大，应当根据所采用的人工轻量土、改良土、自然土等类型以及湿润时的土壤荷重（饱和荷重），确定适当的土壤层厚度。

3. 应检讨绿地面的压力因素

通常屋顶绿化面承受负压，树木和建筑物承受正压，还有相邻高层大楼长墙传来的对绿化面的风压。要确认相对应的固定方法，必要时施工方也可以作风压力计算和固定拔力计算，并与施工规划书一起研讨。

4. 选择防止树根穿透的适合防水层

提出防水层防树根穿透对策，发生遗漏时，要分析其原因并予以改正。

5. 需进行容易发生缺陷的部位检讨

防水层的泛水部容易发生裂隙，引起水的侵入和漏水。因此，通常将土壤层的表面要低于防水层的泛水端部5cm以上。防水层的泛水端部应采取其他更为保险的措施。土壤直接接触女儿墙等垂直墙面时，为了迅速排出雨水，一般在其连接部位设置排水沟或者铺设鹅卵石、浮石等便于雨水快速渗透。

防根茎穿透层的不良案例

6. 防根茎穿透层的性能

防根茎穿透层的功能就是长期有效阻断植物根茎穿透防水层，因此在绿化的所有部位包括平面、连接处、边角处、贯通管周围等都要设置防根茎穿透层。防根茎穿透层一般位于混凝土保护层上部或者防水层上部。要仔细检讨防根茎穿透层设置范围，与土壤直接面对的墙面（突出屋面墙或女儿墙等），防根茎穿透层要高于土壤表面，严禁防根茎穿透层端部产生缝隙。

7. 保护层设置

保护层设置在防水层或防根茎穿透层上面，防止在施工中或施工后受到物体冲击时，防水层或防根茎穿透层受到损坏。根据现场情况和可能的物体冲击，进行分析研究，提出保护对策。可能的物体冲击有以下若干情形：

—— 作业中的步行移动；

—— 作业中的部件加工；

—— 部件或工具的失手坠落；

—— 分区域实施土壤或植被搬运作业；

—— 搬运土壤或部件时使用单轮车、货运车、铲车等；

—— 设置脚踩板或支撑柱；

—— 维护管理中的植被替换。

8. 排水层的性能

考虑排水时，需要注意以下问题：

—— 平屋顶排水坡度，有保护层时（混凝土等）一般为 1/50~1/100，无保护层时一般为 1/20~1/50，均指向排水漏斗处；

—— 每个排水分区应有两个以上排水漏斗，确定口径时应充分考虑堵塞的可能性；

—— 排水漏斗位于绿化内部的情况，应设置检查口，防止土壤或落叶阻塞排水口；

—— 土壤与墙体之间设置排水沟，防止雨水冲刷引起的土壤流失和确保排水畅通，设计时可以参照标准详图；

—— 因绿化造成排水坡度和排水沟相互交叉或分段，此时更要引起注意，采取措施防止雨水滞留；

——疾风暴雨时，有可能发生雨水来不及渗透到土壤而直接溢出土壤表面的情况，土壤的种类不同，其严重程度也各异。此时有必要考虑设置侧口或排水圆管等侧面排水。

排水漏斗位于绿化内部的情况，应设置检查口，防止土壤或落叶阻塞排水口

土壤排水不良案例：疾风暴雨时，有可能发生雨水来不及渗透到土壤而直接溢出土壤表面的情况，土壤的种类不同，其严重程度也各异

9. 选择合适的植被种类

根据建筑物绿化类型、土壤、阴影区的现状、使用等条件，合理选择植物种类。

10. 设置浇水装置

设置浇水装置时，要考虑浇水点、浇水装置、浇水量、浇水方式等因素。在屋顶绿化中，对栽培植物以后的初期浇水和长期干旱引起的植物生长不良或枯死，设置长期稳定运行的浇水装置是很有必要的。

11. 保证维护管理通道的畅通

要保证冷却塔等屋顶设备维护通道的畅通，也要确认屋顶绿化通道的安全畅通。

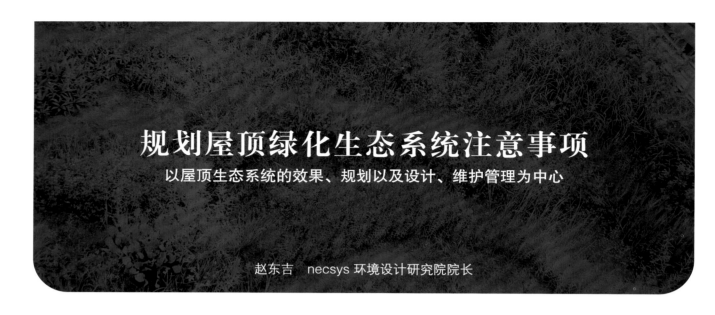

规划屋顶绿化生态系统注意事项
以屋顶生态系统的效果、规划以及设计、维护管理为中心

赵东吉 necsys 环境设计研究院院长

一、屋顶生态系统的重要性

韩国环境部发表了自 2009 到 2012 年绿色屋顶面积要达到 1000hm^2 的目标计划。绿色屋顶具有将屋顶空间生态化的含义。环境部把绿色屋顶活跃化事业作为绿色发展实践计划和实现绿色网络的手段。

众所周知，绿色屋顶即屋顶绿化是组成生态网络的过河垫脚石型连接区域。如果把生态网络细分为核心区域、缓冲区域、连接区域、复原·创造区域等必要因素，发现屋顶生态空间具有连接核心区域和另一个核心区域的作用。当然，屋顶生态系统本身就是复原·创造出来的生物物种栖息地之一，屋顶生态系统重要性当中最有价值的也就在于此。屋顶的生态湿地和树荫可以吸收、储存、降低二氧化碳排放，对我们的低碳绿色生活作用显著。接下来介绍屋顶生态系统的功能和作用。

二、屋顶生态系统的功能和作用

屋顶生态系统的功能和作用中，最重要的一点就是提供了生物栖息地。根据德国的生态类型分类，放置在住宅外阳台的一个小型花盆也被当作生态类型之一，因为蝴蝶、蜜蜂等多种生物会飞到那里。在高楼大厦林立的城市中心，能够见到生态自然的一幕，却也是值得珍惜的空间。

城市屋顶生态化，对自由飞翔的鸟类和昆虫来说就是新的栖息地，也就是生态系统。退一步讲，至少可以成为连接生物栖息地的落脚歇息点。表 1 所示为屋顶生态系统的功能和作用。

图 1　首尔市南山洞公营停车场屋顶生态系统。屋后的南山是生物的供给源，对生态网络的形成起着重要的作用

作用	内容	备注
改善生活环境方面	绿地促使心里安定 为建筑物使用者提供庭院 提供绿荫 缓解气候多变	组成快乐的环境
生态方面	预防城市洪水（屋顶庭院储藏雨水） 保护水资源 作为野生动植物的栖息地，生态网络的一环 保持城市生态系统 减少城市热岛效应	延长雨水到达河川的时间
技术方面	防止屋顶破损 隔热作用 大气净化功能 阻断噪声作用 防风作用	
经济方面	减少屋顶维修费用 降低冷热空调费用 有效利用闲置空间 吸引人气 提高建筑物形象 提升房产价值	提升房产价值
景观改善方面	遮掩陈旧屋顶 增进城市美观	景观生成
其他	增加城市绿地面积 可作为法定绿地面积 有效利用人工空间	空间的立体应用

摘自金贵根、赵东吉（2004）乙 水景·保持

三、屋顶生态系统的规划与设计

1. 现状调查与分析

在这个阶段，需要引起注意的是有关建筑物安全性问题。不管是屋顶生态系统还是普通的屋顶造景，都要首先关注荷重、防水、防根茎穿透、抵抗风力等与建筑物安全性有关的问题。

需要详细计算建筑物的允许荷重，在此基础上决定选择重量型、轻量型、混合型生态系统中的哪一种适合类型。一般的屋顶或阳台可承受的荷载为150~180kg/m²。相对密度为1.6的黑土20cm高，则可以达到320kg/m²，所以要么补强结构要么尽量使包括土壤在内

图2　明东 Unisco 屋顶生态系统。钻进湿地树荫中，产生是不是屋顶的错觉

的植物基层轻量化。在规划与设计阶段，时刻牢记主要设施物或空间的许可标准、使用者的荷重等因素，绝对保证其安全性。

在解决荷重问题的同时，还要详细研究和解决防水、防根茎穿透问题。要采取高效率的适合现状条件的防、排水方法。通常的防水方法有多层热沥青防水、改良型沥青组件防水、聚氨酯涂膜防水、FRP 涂膜防水、聚氨酯加 FRP 复合防水、氯乙烯组件防水等。要合理设置排水口，防止落叶、土壤、植物根茎等阻塞排水口，发生屋顶漫水现象。

防根茎穿透问题也是属于与结构安全相关的问题，长势良好的植物其根茎的生长也很快，容易造成建筑物外皮损伤。设置防根茎穿透层的目的就是防止植物根茎的穿透特性，保护防水层和结构物，同时在施工过程中发生机械性、物理性冲击时起保护防水层的作用。

屋顶生物栖息空间所处位置较高，很难避免受风的影响。风可以把植物种子吹进来，既有对生物栖息空间生物多样化有利的一面，也可能对已有的生态树木带来不确定的不良影响。具体地说，风吹倒花草类植物，吹断树枝，有可能掉落到地面引起安全事故。此外，还会快速吹干土壤中的水分。为了有效减小风的影响，有的工程在屋顶周边设置钢丝网。钢丝网、木格栅、防风网都对风起缓冲的作用，解决发生树木的倒伏所致的安全问题。

现状调查与分析阶段，需要重视的注意事项如下：

首先，调查清楚周边可作为生物物种供给源的各个生物栖息地分布状况，只要上屋顶眺望就可以把握这一点。或者在网络提供的卫星影像图中也能取得。图 1 中的南山就是主要的生物物种供给源。

其次，要把握屋顶相对永久的成荫面，注意观察周边建筑物、本建筑物的突出设施等对屋顶的各个区域产生阴影的程度，长期处于阴影的地方应考虑采用耐阴性树种。

再次，可能的时候，要研究收集并储存雨水的方案。由于各个建筑物的结构特性不同，不能一概而论，但是想构成湿地必须把握水源的供应，收集并储存雨水自然是很好的对策。当然，相应地考虑好排水对策，尤其要解决暴雨时的有效排水问题。

此外，屋顶出入口的位置也很重要，由此决定步道的走向，进一步关系到空间构思的着眼点。

2. 基本构思

屋顶生态系统的基本构思有不同的接近方法。一般说来，类似于具有一定规模的公园或者生态公园的划分方法，划分出核心区域、缓冲区域、转移区域等不同区域。这种方法接受城市生物圈保护区概念（参照图 3），使得在屋顶生态系统中，人类和生物物种的协调共存成为可能。

类型 1，城市被生态包围。城市化、城市不断扩大时，必须保护生态圈保存地

类型 2，城市内部的生态绿色点线与城市外部的生态圈保存地相连接

类型 3，分散于城市内外公园或者有价值的生态体与外部的生态圈保存地相连接

城市区域
生物圈保护区
类型 4，农村和小城市完全融进生物圈保护区

*资料来源：根据 MAB Urban Group（2003）再制作

图 3　城市生物圈保存地域可适用的类型

屋顶生态系统的主要功能就是提供生物栖息地，因此有必要区分保存空间和使用空间。在选定多种生物能够安全栖息的区域作为核心区域的基础上，再选择周边的缓冲和转移区域。这样，确定生物物种之后，要充分把握该生物物种的特性，以所需栖息地要求为基础，勾画出具体的屋顶生态系统。

3. 基本规划

屋顶生态系统基本规划分为空间及交通规划、地形规划、植被规划、设施物规划、生物物种栖息地规划等内容。

空间及交通规划是把构思好的核心、缓冲、转移区域具体化的阶段，把核心区域具体化时重点放在把握生物物种的栖息特性上，考虑交通规划时一般仅考虑管理用通道。转移区域一般作为进行生态教育或者环境体验等的活动场所，规划空间要达到欢快的目的。核心区域和转移区域之间要设置缓冲区域，在此区域可以观察或者眺望核心区域。

地形规划的目的在于在水平的屋顶地形中规划湿地和草丛。多样的地形规划有助于湿地和草丛的形成，其本身也在构成丰富的微型环境。地形规划要和植被、湿地规划相结合，过于夸张的地形规划必然引起较大荷重的增加，要充分考虑建筑物的安全因素。

植被规划首先选择好适合屋顶特殊环境的树种。尽量优选再生树种，选择能够充分发挥生态系统功能的树种。屋顶生态系统虽然相对隔离和封闭，但

是要考虑植物种子随风飘移的因素。选择的植物要能够抵御强风，抵御干燥。在屋顶不宜选用过于高大的树木和宽叶植物。

选择植物物种时，要综合考虑栖息地的特点和环境。例如：鸟类栖息地应选择可食用植物，蝴蝶类栖息地应选择吸密性植物。选择植物物种时，还要考虑植物对土壤、水、地形、坡度等条件的适应性。虽然目前广泛采用的屋顶植物与地面上的情况大同小异，还是建议采用慢生长性植物为宜，因为旺盛的植物需求的水量大，难以保持水面的稳定。

屋顶生态系统常用的植物物种 　　　　表2

分类		可以选用的植物	建议选用的植物
水生植物	水上植物	芦苇、菰、嫩香蒲、沟泽泻、荆三棱等	嫩香蒲、菖蒲、荆三棱、沟泽泻、水车前等
	浮叶植物	金银莲花、水莲、楸树等	楸树、金银莲花等
	水中植物	穿叶眼子草、松藻、线叶藻、菱角等	松藻等
	浮游植物	浮萍、小浮萍等	浮萍等
湿生植物		• 花草类：水紫芒、长鞘芦苇、千屈花、水凤仙、金菖蒲、花菖蒲、溪苏等 • 灌木类：藤柳等	• 花草类：水紫芒、长鞘芦苇、千屈花、水凤仙、金菖蒲等 • 灌木类：藤柳等

＊资料来源：赵东吉，2004

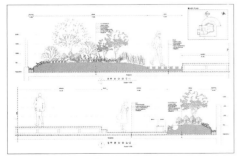

图4　地形规划剖面预示（南山洞公营停车场屋顶生态系统）

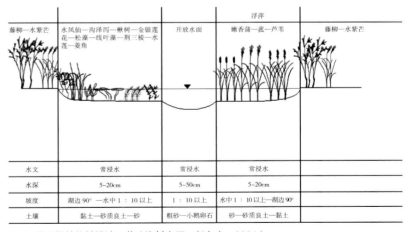

图5　屋顶湿地植被设计示范（资料来源：赵东吉，2004）

生物栖息地规划通常与湿地的形成有关。屋顶湿地规划与地面基本相同，不同的是，要充分把握建筑物的容许荷重，适当选择水的深度。当不得已选择较浅水深时，为了保持开放水面的稳定，其下铺设粗砂和鹅卵石，达到更加协调的生态效果。屋顶漏水问题必须事先处理好。阳光直射、面向强风的区域，水的蒸发也加快，应考虑水量的持续性供给问题。此时，可以考虑把雨水的收集作为补充手段，湿地水循环所需电能可以考虑采用太阳能。

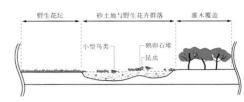

图8　砂土地和野生花卉群落剖面预示（首尔中区忠武艺术大堂屋顶生态系统）

图6　分当区　京东办公楼屋顶湿地生态系统，韩国第一个屋顶湿地生态系统

图7　供湿地使用的雨水收集设备

在屋顶生态系统中设置一些树枝堆或者散放轻一些的枯木，对昆虫大有好处。对不同的生物提供各自的栖息地也是不错的方法。难以组成湿地或者保证供水有困难时，也可以考虑半湿地做法，其上种植湿生植物，作为鸟类和昆虫的栖息地。加上一些沙土地、可食用植物和灌木丛，作为麻雀等小型鸟类的玩耍和引诱场所。在沙土地周边用鹅卵石作分界，并铺设若干鹅卵石堆，作为昆虫的栖息地，也有干燥花园的效果。

设施物规划包括观察台、解说板等环境教育设施和栏杆、警示牌等安全设施。规划中避免使用较大重量的设施物，结合空间特点合适地摆放各种设施物。

根据规划目标和现状特点，慎重选择动物种类。有湿地时可以放生一些湿地动物，要考虑各个动物数量的维持，便于日后的维护管理。目前，大部分屋顶生态系统都以采用人工土壤为主，为此宜引入一些土壤动物，为土壤动物提供生息场所，整体生态效果会更好。

图9　分当区　京东办公楼屋顶湿地放生的小鲤鱼

图10　分当区　京东办公楼屋顶湿地放生的韩国青蛙

四、屋顶生态系统管理注意事项

1. 监控的重要性

做好生态系统等复原事业以后，下面要做的重要事项之一就是监控。通过监控，调查记录项目的持续变化，为以后的维护管理建立正确的工作方案，提供宝贵的资料。事前的监控当然也重要，通过前后比较，评价复原事业的效果，作为广告资料使用。可以看出，生态复原事业或生态系统施工本身固然重要，以后的维护管理显得更重要。最近引人注目的顺应性管理法也得益于监控，通过监控可以摸索出生态系统可持续维护管理的工作方向。

2. 维护管理方法

湿地空间中，开放水面的作用不可轻视，开放水面不能被水生植物覆盖，要露在外面，吸引飞行生物落脚。屋顶生态系统通常其水深较浅，而且建筑物需要防水，对开放水面的管理带来很大困难。具体地说，在屋顶无法采取地面上常用的木排阻挡水生植物扩张的方法时，可以采取铺设砂子和鹅卵石的方法，在一定程度上可以阻止植物的扩张。

种植野生花草类的地方，有必要实施防踩踏管理，没有活动台面和步道的地方更要投入心思。在进行观察体验等学习活动时，孩子们的好奇心，容易将孩子们引入植物区域，积累下来就可以形成人为踩踏路，造成栖息地的断开，不利于植物的生长。

对异种的入侵也要费心思，和地

图 11　完成时和一年以后屋顶湿地开放水面实况对比（明东 Unisco 屋顶生态系统）

面一样，风可以把种子吹进屋顶。栽培植物时也能附带其他种子。这些种子发芽以后形成违背原规划的植物体。在常见的屋顶异种植物中，尤其要注意野生豆科类的入侵。这种植物的藤蔓特性容易包裹树木，压制其他植物的生长，改变原来的生态面貌。根据持续的监控，发现个别植物急剧膨胀时，要适当控制。

图 12 湿地周边人为形成的踩踏路（明东 Unisco 屋顶生态系统）

五、若干屋顶生态系统案例

1. 京畿道 分当区 京东办公楼屋顶生态系统

1999年，位于京畿道城南市分当区的京东办公楼，在屋顶掀开了生态系统序幕。据笔者所知，这是在韩国第一个把生态系统概念引入到屋顶绿化的案例，也许有比这个更早的。这个事业得到韩国环境部资助的 G7 先进先导技术开发事业的大力支持，由首尔大学环境生态研究所负责完成规划和设计。

本案例作为第一个屋顶生态系统，规划设计多种表现形式，其中的湿地系统被认为是最有意义的实验成果。土壤取用邻近自然地域的表土和农耕土，组成野生草地和灌木丛。放生的韩国青蛙卵在此养育第二代，成果显著。

2. 首尔市明东 Unisco 屋顶生态系统

本案例是坐落在首尔市明东的韩国 Unisco 委员会建筑物屋顶生态系统。这个项目空间规模比较大，运用生物圈保存地域概念，将空间划分为核心、缓冲、转移等三个区域。核心区域禁止通行，转移区域设置自然学习空间和蔬菜种植区域（Permanent culture）。

本案例的最大特点之一，就是引入种类较多的栖息地类型。在核心区域形成小规模生态丛林和湿地，在缓冲区域组成野生草地和灌木丛。

图 13 京东办公楼屋顶绿化湿地组成案例（组成前后实况）

图 14　明东 Unisco 屋顶生态系统实况

3. 首尔市南山公营停车场大楼屋顶生态系统

本案例得益于 2009 年韩国环境部生态系统保存协作资金返还事业，由首尔市中区政府主持，LH 公社（以前的韩国土地公社）提供资金，新春造景（株）负责施工。总实施面积为 423m²，虽然面积不大，由于邻近南山，设置了不少包括生态丛林（乔木林）、灌木丛、生态湿地、生态学习场、Permanent culture、蝴蝶园、野生花草园等具有南山特色的生态体。

值得一提的是，本生态系统充分考虑了栖息在南山的野生动植物的生存环境，期待南山的野生动植物迁入和生息。

参考文献

金贵昆、赵东吉，2004，自然环境·生态复原学论文，研究院书籍.
赵东吉，2004，沼泽型湿地复原以及创建为目的的生态植被设计模板——增进生物多样性为中心，首尔大学环境研究生院博士学位论文.
赵东范、赵东吉译，小鸟和昆虫喜欢的自然亲和性庭院制造——我的手制造的生态庭院，图书出版 造景.
金贵昆·赵东吉，2004，有关引入 Unisco 生物圈保存地域概念的屋顶生物栖息空间组成方法的研究——以 Unisco 会馆屋顶为例，韩国环境复原绿化学会会刊.

图 15　南山公营停车场大楼屋顶生态系统实况

屋顶绿化植物基层和土壤
给灰色混凝土屋顶穿上绿衣

朴贤俊 （株）绿色生命 代表理事

屋顶绿化中能够使植物生长的土壤占据重要的位置。在自然土壤中种植植物相对简单，只要播撒种子或者挖个坑将植物苗移植即可。可是到了屋顶，一没有现成的土壤，二有了土壤也未必能用作绿化，因为屋顶绿化与自然地面不同，需要特殊的植被基层[①]系统。

生长在自然地面中的植物，通过雨水补充水分，雨水过多会自然排水，植物根茎依靠吸收的水分和氧气促进其成长。

屋顶处于相对封闭的状态，其土壤层遇到下雨时容易进入饱和状态，因此要求使用排水和透气性较好的土壤，土壤层下的排水层也要求做到排水顺畅。当然，还要考虑屋顶附加重量和植物根茎的穿透性，以保证屋顶的健康和安全。

本文结合以往的成功案例，讲述屋顶绿化中的土壤。

一、屋顶绿化环境和与之相适应的土壤

如表1所示，屋顶上部受到气候、

屋顶绿化环境与所需的土壤特性　　　　表1

划分		环境因素	植被基层物性	测定项目
内部环境		土壤水分供给	保水性	有效水分
		强制排水	排水性	透水系数
			透气性	大空隙率
		踩踏及下沉	耐久性	内压荷重 / 出入口分布
外部	气候环境	集中暴雨	排水性	大空隙率 / 透水系数
		干旱期	保水性	有效水分 / 蒸发量
		强风速	植物抵抗力	出入口分布
			保水性	有效水分
			排水性	透水系数
		阳光直射与极端温差	植物颜色	土壤色
			隔热性	热传导率
			保水性	有效水分
	建筑环境	荷重限制	轻量型	专用密度
		土层限制	综合物性	
		防水 / 防根茎穿透	综合物性	
	管理环境	土壤硬化	耐久性	内压荷重
			透气性	大空隙率
		灌溉	保水性	有效水分
		杂草及病虫害	无菌、无虫性	

① 所谓植被基层包括土壤层、灌溉及排水设施、屋顶各种阻断层、屋顶防水层、屋顶防根茎穿透层以及为植物生长所采用的设施

建筑、管理等因数的影响，其绿化环境与自然地面相比，具有以下不同特点。

1. 气候环境特点

①降水量分布以及集中暴雨

建筑物所具有的不透水性，决定屋顶遇到强降雨时，只能通过墙面和排水沟排出雨水。从韩国的气象条件看，年降雨量分布不均匀，每年的7、8月份集中50%以上的降雨量。尤其在夏天，短时间的集中暴雨时，排水沟的排水不通畅，容易造成植被基层被雨水淹没，造成土壤流失和植被倒伏。因此，暴雨时如何迅速排出屋顶雨水，成了关注的要点。

②过多蒸发与干旱期

建筑物的屋顶不能像自然地面那样从地下得到水分供给，而且屋顶风力强，更容易引发干燥，此外，太阳辐射热引起土壤内部的温度上升，加速水分的蒸发，造成土壤水分不足。因此，屋顶的植物需要人工供给水分。在韩国，每年除了7、8、9月份外，其余月份水分的蒸发量多于降水量，如果不能确保土壤中的水分含量，对植物的生长必然带来不利的影响。如何选用保水性好的土壤，成了关注的要点。

③强风速以及风洞现象

建筑物越高，其屋顶所受的风的影响就越大。有些低矮建筑物由于存在风洞效应，有时也存在承受瞬间强风的现象。强风是很强的干燥剂，吹走植物和土壤表面的水分，抑制植物的生长或导致植物枯死。屋顶上的土壤层得不到地下水分的供给，从经济性和施工性出发，其厚度往往也较浅，如果采用普通土壤或者低保水性土壤，则风带来的干燥危害更大。因此，为了既防止蒸发又

防止集中暴雨，选择保水性和排水性高的土壤显得很重要。

④阳光直射和极端温差

大部分的屋顶都不能避免太阳光的直射，承受季节和昼夜温差大的影响。韩国的气象情况是，四季分明，冬季和夏季温差大，容易产生夏天炎热、冬季结露的现象。表2是夏季下午最高气温（33.8℃）和最低气温（26.3℃）时，混凝土屋顶表面温度的检测结果。

外部温度和混凝土屋顶表面温度比较　　　表2

划分	温度1	温度2	最高、最低温差（℃）
外部温度	33.8	26.3	7.5
混凝土屋顶表面（灰色）	51.6	30.5	21.1
混凝土屋顶表面（黑灰色）	58.6	30.5	28.1

可见，屋顶的表面温度远高于大气温度，当同种屋顶采用不同颜色外层材料时，由于吸收太阳辐射热的能力不同，反映的温度差别也很大。这种情况必然导致土壤层温度的上升，必然加速其水分的蒸发，加重土壤水分的不足。因此，如何选择土壤以达到最大限度地降低太阳辐射热或大气温度向植物根茎部的传递，是我们要解决的重要课题之一。此外，韩国的四季气候变化很分明，寒冷的冬季，土壤空隙里的水分会结冰，引起土壤体积的增大，产生较大的拉力，有可能引起建筑结构物的裂缝或建筑物受损坏的风险。采用多孔性土壤，可以防止土壤体积的增大，对结构物的长期影响也较小。

图1是把含水多孔性土壤、自然土、水分别装在玻璃瓶中，冷却至-40℃时的结果对比。图2是采用自然土的屋顶绿化经过10年以后调查结果。由于多孔性土壤内部空隙很多，和相同含水量的自然土相比，空隙内的水没有充满，在冬季结冰时虽然水的体积增大，但是总的土壤体积并未增加，进而防止建筑物不良问题的产生。

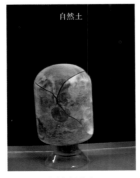

图1　土壤结冻试验

分当区　友邦大厦地下停车场上部　　　　　　　　　风纳洞　现代中央医院（旧馆）

图 2　采用普通土壤时的屋顶结构物变化（1987 年施工，1995 年调查，点画线围成区域：裂缝）

屋顶绿化不可能从地下补充水分，而且水分的蒸发流失较快。因此，必须采用保水性较好的土壤，适当地保护土层表面，利于植被层保存有效水分，减少辐射热的吸收。采用的土壤一般是轻量型人工土壤。这种土壤具有较高孔隙率，可以降低冬季对建筑屋顶的不利影响。

2. 建筑环境特点

① 荷重限制

为解决大城市的绿地不足，在屋顶实施绿化时，最大的障碍就是荷重问题。对于新建建筑物，设计时一并考虑屋顶绿化荷重，荷重问题虽然可以得到解决，但是建筑费用肯定要增加。对于既有建筑物，设计当初没有考虑屋顶绿化荷重，问题相对较多。因此，为了屋顶绿化事业的积极推进，在新建建筑物屋顶绿化设计时，要尽量降低绿化荷重，达到降低建筑成本的目的，在既有建筑物屋顶绿化设计时，要尽量做到不进行建筑结构加固。土壤的荷重占屋顶绿化荷重的比例最大，在考虑不同含水率的土壤密度时，应注意以下问题。

以普遍实施屋顶绿化的办公楼、学校、居住建筑为例，说明荷重相关的问题。为安全起见，屋顶所采用的土壤设定为饱和密度状态，此时的土壤密度约为 1800kg/m³。当土壤层厚度取用现行法规规定的 90cm，则屋顶土壤单位荷重为 1620kg/m³（1800×0.90），通常建筑物屋顶允许的单位荷重是 200kg/m²，可见土壤单位荷重是建筑物屋顶允许的单位荷重的 8 倍。花草类生长所需土壤厚度约为 15cm，就算取用这个极端厚度，此时的屋顶土壤单位荷重为 270kg/m²（1800×0.15），还是高于建筑物屋顶允许的单位荷重。由此可以初步下结论，普通土壤不适合在既有建筑物的屋顶绿化中使用，即便是

新建建筑物，由于屋顶荷载增加量很大，建筑费用也相应增加，也不宜直接采用普通土壤。轻型土壤替代品的开发摆在我们的面前。

② 土层厚度的限制

在自然地面种植植被，土层厚度不成为问题。但是在空间上相对分离的建筑物屋顶人工绿地上种植植被时，土层厚度成为重要的问题。考虑到屋顶人工绿地不能像自然地面那样水分自行供给，屋顶的环境条件相对干燥，如何提高植被的支撑力，需考虑植被根茎的发育生长等因素，屋顶人工绿地的土壤厚度不宜过薄。不同植物生存所需土层厚度如表 3 所示。

屋顶绿化的实际工作中，人工搬运土壤的经济性问题，建筑物的荷重增加问题很突出，在美化环境和空间活用的同时，屋顶土层厚度一直是采取最小化策略。因此，必须解决屋顶绿化中的上述这些问题，屋顶绿化的普及和扩大才能成为可能。解决土层厚度的关键是选择包括保水性在内的具有综合物性的土壤。做到在土层较浅的情况下，也能保持植物较强的支撑力，给予植物充足的土壤环境，适当的出入口分布维持安

植物生长所需土壤最小厚度　　表3

植物分类	生存最小厚度（cm）	生长最小厚度（cm）
草坪、花草类	15	30
小型灌木类	30	45
大型灌木类	45	60
浅根性乔木	60	90
深根性乔木	90	150

植物区分	一般土壤	人工土壤
水蜡树		
枫树		
根茎发育情况	粗根茎发育好	细根茎发育好

图3　人工土壤和一般土壤中粗根茎与细根茎发育比较

定的土壤结构，促使植物健康生长。

③防水、防植物根茎穿透问题

树木的根茎分为粗直根和细根，粗直根直接影响树木的大小，挤占土壤空间，空间的渗透力较强。当粗直根迅速发育生长时，即便是完整的防水处理，粗直根也能渗透到防水层中，不仅防水层受损坏，有时也能损坏建筑物。为此，设置必要的防植物根茎穿透层的同时，应选择内部空隙率较大的人工土壤以促进植物细根的生长。植物根茎的细根（根茎须）充当吸收养分、水分和氧气的角色。一般说来，土颗粒的空隙率大，其表面积也大，在土颗粒周围水分薄膜层中保存的氧气也多，选择这种保水性和透气性好的土壤，有利于植物根茎细根的生长，参见图3。

3.维护管理环境特点

①土壤硬化

土壤硬化直接影响土层的透气和排水，不利于植物的生长发育。在屋顶为了防止土壤硬化，进行不断的耕耘或者勤换土作业，从经济上、现实上都有许多困难，尽量做到预防土壤硬化。在人员出入和通行频繁，设施物较多的屋顶公园，踩踏很容易形成土壤硬化，要

有针对性的预防措施，如降低土壤中黏土成分的细小颗粒含量，预防土壤的固结化。选择的土壤既要保证空气和水分的畅通，还要具有一定的耐久性，防止人为或者堆积物对土壤造成的变形。

②灌溉

由于屋顶比起地面温度高，风力强，植物和土壤的水分损失大，必须设置灌溉设施，定期进行灌溉。添置灌溉设备以及灌溉管理，需要增加相应费用。根本的解决方法就是开发出仅依靠雨水也能保证植物生长的、保水性能非常出色的土壤。

③植被管理

由于屋顶的局限性，植物在生长过程中容易受到病虫害的侵袭，尤其要采用无菌无虫害土壤，防止土壤带来的病虫害。一般的自然土壤很难做到这一点，应该选择人工土壤。

二、屋顶绿化系统组成要素

屋顶绿化方式有很多种，这种自然界原本不存在的绿化系统只有一个目的，那就是绿化，都要与绿化有机地相结合。这种绿化系统的基本原理源自自然地面，只有通过对自然地面的正确理解，才能在屋顶创造安定的植被基层。一定要弄清楚自然地面和屋顶植被基层的差异和特点，盲目照搬自然地面的绿化方式用在屋顶，可能带来诸多问题。

自然地面的下部也有与屋顶类似的岩石，这种岩石经过风化，逐渐转变为我们所称为的土壤层，参见图4。土壤的95%以上是大家都熟悉的黏土矿物无机质成分，土壤最上层的5%上下才是有机质成分。认为有机土壤安定、环保，可以毫无区别地在屋顶绿化中使用人工土壤，这样的做法很危险，会阻碍安定的屋顶绿化事业。

安定的植被基层是屋顶绿化中的最重要因素，必须维持到建筑物达到寿命为止。自然中没有正确答案。用错误的认识和粗浅的知识，匆忙采用不当的技术，定会付出代价。

在屋顶做植被基层之前，首先在建筑屋顶要做好防水层和防根茎穿透层，其上铺上植物生长所需的配地（自然界统称为土壤）。自然界的土壤自行将水排至地下，在屋顶则需要设置排水层。尤其要综合考虑植物特点和屋顶的特殊环境，选择最适合植物生长的土壤显得很重要。

表4记载了组成植被基层的防水、防根茎穿透、排水、植被培育等各个系统的特性和它们之间的相互关系，要正确把握各个系统之间的相互关系，要建立体系性的资料系统。另外，设计时各系统

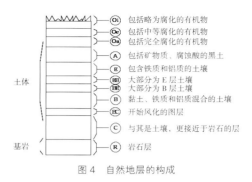

图4 自然地层的构成

的目的不能仅限于屋顶上部环境，还要考虑被采用的树木、花草、草坪等因素。

三、屋顶绿化使用的植被基层土壤物性

在建筑物屋顶铺设土壤种植树木不能叫做屋顶绿化。屋顶绿化不仅美化建筑物，而且作为建筑物的一部分保护建筑物，降低能源消耗，积极保护城市生态系统。没有标准的屋顶绿化如同没有标准的建筑物。正如前所述，开发屋顶绿化系统，要充分把握屋顶的气候、建筑、维护管理等条件，要符合韩国气候环境，耐受与开放的自然地坪不同的屋顶这种封闭的恶劣条件。要具备夏季集中暴雨的排水能力，要具备经受长期干旱的水分保有能力，具备轻量性和隔热性，要适合韩国的气候环境。不能盲目套用和引进国外的绿化系统，将引进和韩国国情相结合，进行适当的补充和调整，开发具有韩国特色的绿化系统。例如：在欧洲进行屋顶绿化，由于年降水量分布比较均匀，不需要过分考虑有效水分或透水系数，不用开发屋顶专用

屋顶绿化系统组成要素及其功能 　　表4

区分	组成要素	功能
建筑物	屋顶结构板	实施屋顶绿化的建筑物最顶层 直接承担屋顶绿化系统荷载 结构物容许应力现场调查（结构诊断）
植被基层	防水层	阻断土壤中流出的水渗进建筑物 对建筑物的影响较大 和结构诊断一起必须研讨的条件
	防根茎穿透层	保护防水层和建筑物不被植物根茎破坏 间接地保护施工期间对防水层的机械性、物理性冲击
	排水层	提升土壤的排水和透气性，确保健康的植被培育 缺陷发生率最多的地方，要引起设计的足够重视 过滤时应避免细颗粒土壤的流失
	培育层	配置植物可以持续生长的基层 占有屋顶绿化系统大部分重量，尽量采取轻量设计
植物	植被层	位于屋顶绿化系统的最上部，绿化的主要目的 提供植被基层设计指标 培育健康取决于植被基层的优秀与否

人工土壤，可以利用火山石或高硬度红玄武土（hydrobole）做植被基层，在排水系统中，使用低排水板达到补充水分的目的。在日本，尽管年降水量分布比较均匀，但在8、9月份遭受台风发生集中暴雨，采取提高透水系数，不考虑有效水分的方式，使用轻型珍珠排水板。和红玄武土型基层相比，更为经济，适合种植树木，树木的支撑力强，低管理也成为可能。韩国固有的环境特点，与国外有鲜明的差异，开发与之相适应的绿化系统很重要。

1. 自然土壤和人工土壤的物性

①自然土壤的基本物性

作为设定屋顶绿化用人工土壤的物性管理标准的基础资料，分析了存在于自然界的5种代表性土壤的物性，分析结果如表5所示。

由表5中可以看出，黏土和壤土密度较低，砂土密度较高，不过5种土壤的专用密度均大于1，不适合在屋顶绿化中使用。砂土、砂壤土、壤土的大空隙率和透水系数较高，砂壤土、壤土的大空隙率和透水系数比砂土高是因为其土颗粒之间连接结构更为发达，水和空气更容易流通。黏壤土和壤土的有效

自然土壤的基本物性 表5

基本特性 及测定 项目 土壤划分	轻量型 专用 密度① (g/cm³)	多孔性 空隙率② (vol%)	透气性 大空 隙率③ (vol%)	排水性 透水 系数④ (cm/sec)	保水性 有效 水分⑤ (vol%)	保肥性 CEC⑥ (cmol₊/kg)	土壤反应 pH 值⑦
黏土	1.14	57	25	5.8×10^{-5}	19.4	8.2	5.6
黏壤土	1.30	49	30	2.9×10^{-4}	27.2	8.0	5.4
壤土	1.25	53	36	4.2×10^{-4}	31.5	7.8	5.4
砂壤土	1.36	49	36	1.2×10^{-3}	25.2	6.5	5.2
砂土	1.63	39	34	4.7×10^{-3}	12.6	4.2	5

水分率最高。通常认为黏土的保水力强，其有效水分率也高。但是测定结果却相反，黏土的有效水分率仅高于砂土，低于其他土。图5说明，最大铺装容水量高，不等于其有效水分率就高。黏土的铺装容水量（53.6%）多，但在永久假设点的水分含量（34.2%）也高，所以，其有效水分率不如砂壤土、壤土、黏壤土高。

②人工土壤的基本物性

最近20年来，园艺事业中人工混合配地应用逐渐常态化，轻型珍珠岩、蛭石、轻型浮石等无机物和 pitmos、椰壳纤维、腐蚀树皮等有机物混合形成的人工配地迅速普及。主要材料和混合配地的特性研究达到很高的水平，人工土壤的物理、化学研究成果，对屋顶绿化事业意义重大。

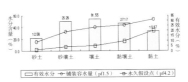

图5 自然土壤中的各土体有效水分

园艺用配地材料物理性研究成果表明，除原有土壤和砂，其他材料的名义相对密度较轻，为0.03~0.26，透气性很高，为77.7%~97.0%，有效水分率也分别达到20%~60%。因此，

---

① 专用密度就是 105℃高温干燥时的土壤固相重量比，判定土壤轻量型的参数，其他用语还有：容积密度，名义密度，容积重，名义比重等
② 空隙率就是指土壤的孔隙比率，判定土壤多孔性
③ 大空隙率指孔径大小 0.75mm 以上，在重力作用下，水可以迅速流出（除土壤的毛细孔以外，可以排出多余水的透气性空隙）的空隙，和氧气换算系数一起，可以表示土壤的透气性
④ 透水系数是指土壤等多孔性媒质的透水性，也就是水力传导度，表示土壤的排水性
⑤ 有效水分是指植物能够利用的土壤水分。在一般土壤，土壤的属性不同有所区别，通常用铺装容水量与永久假设点之差来测定，铺装容水量是指 10~30kPa（0.1~0.3 大气压）下的水分含量，永久假设点是指 1500kPa（15 大气压）下的水分含量。在人工土壤中，水分含量的大小对植物生长更敏感，故在 3（0.03 大气压，pf1.5）~1500kPa（15 大气压 pf4.2）之间进行测定
⑥ 阳离子交换容量是指一定数量的土壤或胶质物所持有的可交换型阳离子的总量，可以表示土壤的养分含量，就是土壤肥沃度
⑦ pH 值表示土壤的酸碱性程度，通常适合植物生长的 pH 值为 5~7，与土壤养分的有效度密切相关

通过合适的混合配比，可以配制满足土壤物性值要求的土壤。

当材料的化学性分为无机和有机材料时，可以知道，有机材料的有机物含量达到38%以上，阳离子置换容量最小40cmol/kg以上。无机材料几乎没有阳离子置换容量（蛭石44.4cmol/kg，除外），其有机物含量也很低，pH值（pitmos腐蚀树皮除外）为6~8。

1948年，德国最初把pitmos和土壤以50：50的比例混合，作为配地使用。真正意义上的轻量配地，始于1950年美国加利福尼亚大学开发的使用pitmos和砂子以不同的配比配制的若干种配地类型。1960年，康奈尔大学也开发了轻量型混合配地，为了更好地降低重量，用蛭石和珍珠岩代替砂子。

美国加利福尼亚大学测定过若干种混合配地的物性，得出的结论是，这些人工土壤可以单独使用，也可以进一步和普通土壤再混合使用，都能保证植物生长。

人工土壤可以分为无机物和有机物，一般情况是轻型，透气性和保水性好，和自然土壤一样具有水分供给、养分供给、根茎里的气体交换、植物支撑等能力。

园艺事业中早已应用的轻型珍珠岩、蛭石、椰壳纤维等材料，单独或混合使用都能保证植物的生长发育，由于具有轻质、透气性和保水性能优秀等特点，通过进一步的研究，必定能成为优秀的土壤材料。

园艺用人工土壤的使用期限一般是3~6个月，使用期限比较短，而且进行周期性的替换和废弃，很少考虑土壤的耐久性。而永久性的人工绿化用土壤对耐久性的要求很高，因此，把园艺用人工土壤作为人工绿化用土壤时，必须考虑植被基层的结构和物性随时间的变化。

只有深入研究各种材料的物性（物理、化学性质），才能得到不同物性的人工土壤，进一步能够形成适合不同环境的系统分类。为了使植被基层较长时间相对稳定，降低随时间的物性变化，尽量使用以无机质为主、有机质为辅的土壤，并且尽量降低有机质含量。

2. 韩国植被基层土壤物性分析

屋顶绿化是由防水层、防根茎穿透层、排水层、培育层、表土层、植被层等系统组成。这些系统必须有机地结合在一起，才能保证植物生长。

除了防水层和防根茎穿透层，其他表土层、培育层、排水层都是由土壤组成，相互关系密切，在植物生长中起着最重要的作用。只有充分理解和把握表6中的植被基层土壤，才能理解屋顶绿化工法，进一步地各种屋顶绿化工法的比较和分析成为可能。下面具体分析表土层、培育层、排水层所用土壤的物性和功能。

3. 表土层的物性及其功能

表土层的功能

屋顶绿化系统的表土层是植被基层中很重要的最后一道工序，具有如下主要功能。

（1）防止土壤飞扬

所谓飞扬指的是质量轻的各种物质（包括土壤）四处飞散。在屋顶绿化系统中常用的轻量型土壤经常发生飞扬现象。

（2）防止土壤水分蒸发

屋顶绿化中的土壤有效水分是衡量植物有效吸收水分的尺度，表面覆盖材料的选择，对旱季土壤的水分保有影响很大。韩国的气候情况是，每年的10月至次年的5月属于气候干燥期，不采取措施加大土壤水分含量，对植物的生长带来很大的伤害。有效防止土壤水分的蒸发，就是设置合适的表土层，

由土壤形成的植被基层组成要素及其功能　　表6

区分	组成要素	功能
植被基层	表土层	防止土壤飞扬 抑制土壤水分蒸发
	培育层	植物持续生长的基础，配地 占据屋顶绿化系统重量的大部分，要求轻量型
	排水层	土壤的排水和透气通畅，促进植物健康生长发育 系缺陷最容易发生的部分，实施慎重的设计 防止土壤颗粒从系统下部流失，实施过滤

也是加大土壤水分含量的措施之一。

（3）防止根茎部温度上升

屋顶上部结构层表面的不同颜色，对太阳辐射热的吸收程度差别很大，上部结构层表面的温度也不同。这种现象会引起屋顶土壤的温度上升，造成水分的附加蒸发，加重土壤的水分不足。

（4）排水性

表土层在遇到强降雨时，必须及时排除雨水量。尤其在集中暴雨时，如果不能及时排水，其下土壤层容易发生饱和现象。1998年全罗南道顺川曾经记录的雨量为145mm/h。

（5）养分保有力以及养分

普通土壤的表层有机物相对集中，和下层土相比，养分保有力也就是阳离子交换容量大。自然环境中的养分，主要是被栖息在表土层的微生物或者小动物分解后，随着雨水流入土壤层。采用轻量型土壤的屋顶绿化情况是，由于初期进行人工植物培育，不会发生上述自然循环现象。表7反映屋顶绿化表土层土壤的物性。

4. 培育层的功能及其土壤物性

① 培育层的功能

实施屋顶绿化时，考虑屋顶的特殊环境和植物的生长特性，必须选择合适的土壤。事实是，到目前为止，取用土壤时很少考虑土壤本身的基本特性和功能。韩国气候四季分明，气候变化大，必须对屋顶植被用土壤的选择和使用加以重视。屋顶绿化培育层大致可以分为无机质土壤、有机质土壤、自然土壤，以及这三种土壤的混合物等四种，根据专用密度可以分为轻量型和重量型

屋顶绿化表土层的物性　　　　　　　　表7

表土层种类	相对密度（g/cm³）	颗粒大小（颗粒度）（mm）	色相（亮度/色度）
木屑混合物	相对密度小，为0.05~0.1，容易饱和，适宜人工土壤的轻量性	5mm以上时，降低抑制蒸发效果	黑褐色（3/3）辐射热高，温度上升
火山石	相对密度大，为0.8~0.9，容易倒伏，增加荷重	3~5mm以上时，降低抑制蒸发效果	黑色（2.5/1）辐射热高，温度上升与周边颜色不协调
磨砂土	相对密度为1以上，容易倒伏，增加荷重。容易造成培育层颗粒构成损坏	品质不一，降低抑制蒸发效果	黄褐色（5/8）辐射热低

屋顶绿化培育层的物性　　　　　　　　表8

区分	材料	优点	缺点
无机质土壤	膨胀轻型珍珠岩类	专用密度在0.1~0.2g/cm³，具有超轻量型和物理性（排水性、保水性）	几乎没有阳离子交换容量
	火山石类	排水性好无需表土层	专用密度在0.8~0.9g/cm³，属于重量型，保水性低属于黑色系列，与土壤颜色不协调适合缓坡屋面的轻量型屋顶绿化不适合乔木为主的重量型屋顶绿化阳离子交换容量达到10cmolc/kg以上，具有高保肥性
	发泡玻璃类	排水性好	专用密度在0.6~0.7g/cm³，属于重量型，保水性低几乎没有阳离子交换容量需要表土层
有机质土壤	Pit类，焦炭类，椰壳纤维类pitmord类	专用密度在0.1~0.2g/cm³，具有超轻量型和强保水性，阳离子交换容量达到30cmolc/kg以上，具有高保肥性	排水性低，随时间发生腐蚀分解，土壤下沉引发物理缺陷

两种。屋顶的特殊环境决定了必须解决好土壤的荷重问题，不管是新建还是既有建筑物，在实施屋顶绿化时，所使用的荷重不能超过建筑物允许的荷重。所以，应当首选性能优越的轻量型土壤，尽量避免采用红玄武土、自然土壤等重量型土壤。表8列出了屋顶绿化培育层的无机质和有机质土壤的种类和优缺点。

②使用普通土壤和混合土壤的培育层

以往屋顶绿化的施工和维护管理，多数采用普通土壤或者普通土壤和轻量型土壤的混合物，大多没有准确把握轻量型土壤的各种物性，也没有经过工学计算。由于普通土壤的荷载较重，有时引起建筑物的扭曲，造成建筑物屋顶的防水层损坏和产生建筑物裂缝，进而不得不放弃屋顶绿化事业或者增加建筑物的补强成本，屋顶绿化的效益大大降低。

③使用人工土壤的培育层

近年来，韩国从国外大量引进人工土壤屋顶绿化设计施工管理方法，解决建筑物的荷重限制问题，方便了屋顶绿化的施工和维护管理。目前韩国通用的具有代表性的屋顶绿化设计施工管理方法有轻型珍珠岩类、火山石类、发泡玻璃类等三种。这三种轻量型土壤的饱和密度分别是，轻型珍珠岩类为409kg/m³，为最轻，火山石和发泡玻璃类分别为932、800kg/m³，相对重一些。从排水性能上看，轻型珍珠岩类和火山石类分别达到288、1206mm/h，显示很高的透水系数，发泡玻璃类透水系数随时间的变化较大，从初期的700~800

mm/h经过48h后降到126mm/h。从保水性能上看，轻型珍珠岩类除外，火山石类和发泡玻璃类只有14.9vol%和23.6vol%，远低于40vol%的标准物性。此外，火山石类轻型土壤存在培育层下陷的现象。

5. 排水层的功能以及土壤物性

①排水层的功能

韩国年降水量分布不均匀，每年的7~8月份是雨季，集中年降水量的50%，夏季突发集中暴雨现象很突出。实施屋顶绿化时，如果不能迅速排出雨水，则整个植被基层浸泡在水中，导致土壤流失。此外，韩国干旱期长，排水中还要保留适当的有效水分，确保培育层的水分含量。表9列出了屋顶排水层使用的土壤种类和各自的优缺点。

②使用普通土壤的排水层

使用普通土壤的屋顶绿化系统，其排水层主要采用鹅卵石或者建筑用排水板。这是没有正确的排水土壤标准的情况下，实行的设计、施工、维护管理。使用鹅卵石作为排水土壤，由于荷载很重，施工需要投入较多的劳动力和设备，施工工期也较长，增加许多成本。

③使用人工土壤的排水层

目前韩国常用的火山石类、轻型珍珠岩类、发泡玻璃类土壤物性中，轻型珍珠岩类饱和密度最小，是184kg/m³，三种土壤的透水系数都是1000 mm/h，排水性能都很好。由于韩国干旱期较长，为了提高土壤有效水分，不仅要求排水性好，蓄水功能也要好。轻型珍珠岩类的有效水分度是22.3vol%，火山石类是8.9vol%，发泡玻璃类是8.6 vol%。可见，在干旱期，除轻型珍珠岩类外，其他两种土壤无法提供水分。

屋顶绿化用排水层种类　　　　表9

材料	优点	缺点
膨胀轻型珍珠岩类	专用密度在0.1~0.2g/cm³，具有超轻量型和良好的排水性和保水性 阻止培育层的微小颗粒通过排水层，防止排水层的阻塞，可以保持较好的排水性 热传导率低，隔热性好	强度弱
火山石类	强度高，排水性好	专用密度在0.8~0.9g/cm³，属于重量型，保水性低，颗粒大，培育层的微小颗粒容易通过排水层，导致排水层的阻塞，引起排水不畅 热传导率高，隔热性低
发泡玻璃类	强度高，排水性好	专用密度在0.6~0.7g/cm³，属于重量型，保水性低 颗粒大，培育层的微小颗粒容易通过排水层，导致排水层的阻塞，引起排水不畅 热传导率高，隔热性低
鹅卵石类	强度高，排水性好	专用密度在1.6~1.7g/cm³，属于重量型，保水性低 颗粒大，培育层的微小颗粒容易通过排水层，导致排水层的阻塞，引起排水不畅 热传导率高，隔热性低

四、屋顶绿化设计施工管理方法分析

上文研究各种屋顶绿化环境中的土壤条件，系统地分析了当前使用的表土层、培育层、排水层的土壤物性，分析了具有代表性的5种自然土壤的基本特性，对屋顶绿化用人工土壤的适应性作了比较，为制定符合韩国国情的屋顶植被基层标准，提供了基础资料。以屋顶绿化用土壤和自然土壤的特性为基础，结合韩国的气候条件和绿化环境，侧重探讨植被基层和维护管理方面。韩国的屋顶绿化系统主要是从日本和德国引进的，通过吸收、消化，形成了符合韩国国情的屋顶绿化设计施工管理方法。如表10所示，目前主要使用人工土壤（轻型珍珠岩类、火山石类、发泡玻璃类）。

1. 使用普通土壤和混合土壤的绿化工法

以前的屋顶绿化中，大多采用普通土壤或普通土壤与轻量型土壤的混合物。由于存在荷重问题和土壤的物理性随时间恶化，导致植物的生长发育不良，维护管理困难。近年来几乎不采用这种工法。

2. 使用人工土壤的绿化工法

使用火山石类和发泡玻璃类的绿化工法，由于其植被基层的保水性低，不适合干旱期长的韩国气候。在韩国夏季辐射热强，导致根茎部温度急剧上升，而火山石的颜色呈黑色，加速水分蒸发，对植物生长不利。发泡玻璃类土壤其发泡玻璃和有机物的密度有差异，遇到集中暴雨时，容易产生有机物分层，土层

流动性增加，导致排水困难和降低树木的支撑力。采用轻型珍珠岩类的绿化工法，由于具有70%以上的高空隙率，具有10~3cm/s以上的高透水系数，具有40%以上的高水分保有力，因此，透水性、排水性好，植物所需有效水分（0.03~15大气压）含量高。轻型珍珠岩属于非结晶质矿物，表面没有负离子，其阳离子交换容量几乎为零，养分的保有能力差。因此，要开发在保持轻型珍珠岩的物理性质上，添加有机物或矿物质以增大阳离子交换容量的植被基层。需要指出的是，改善土壤的化学性时，必须解决好材料之间的密度差异和颗粒的不均匀，不然和发泡玻璃类土壤一样，反而恶化土壤的物理性质，不能作为屋顶绿化用植被基层。

五、韩国型屋顶绿化植被基层方案

什么是韩国型屋顶绿化植被基层？我们可以定义，这种植被基层要适应屋顶特殊环境，符合韩国气候条件，寿命要与其下面的建筑物一样长。不难看出，这一切都能在自然中找到答案。

在屋顶绿化组成要素章节中，我们已经讨论过，自然地层的最下层是如同屋顶混凝土般的基岩层，基岩层上依次为由碎石组成的排水层以及培育层和含有5%左右有机物的最顶层。这就是屋顶绿化用植被基层原理基础。在屋顶绿化中，低管理轻量型植被基层由于受到土层厚度的限制，一般取消排水层，由排水板和浮石构成的排水系统、培育层、表土层组成。管理重量型植被基层，是由排水系统上部排水层、培育层、表土层组成。

最近，出于对有机物的关心和环保意识的增强，也有人提出，屋顶绿化应当采用高有机物环保土壤，这种主张是完全错误的。拿自然土壤来说，5%左右的有机物存在于上部表层，植物根茎部的有机物含量大都在1%以下。所以，在屋顶培育层应当使用几乎没有有机物的土壤，在屋顶表土层使用适当掺有有机物的土壤。

直到1990年，由于错误的理解和昂贵的人工土壤，在屋顶绿化中始终延续了自然土壤的直接使用或者混合使用。进入2000年以后，从土壤物理性质的优劣，植物生长的各种差异等方面，正确的认识逐渐被接受，形成了屋顶绿化当然要采用人工土壤的共识。不可否认，人工土壤价格的下降也是原因之一。综上所述，结束喋喋不休的争论，纠正和避免浪费时光的错误舆论的唯一方法，就是从自然中寻找答案。研究屋顶绿化植被基层物理性质的模板也来自自然。不过，屋顶在位置上、气候上、建筑上、维护管理环境特点上，与自然地坪不同，显得更为脆弱。为了解决这些问题，在屋顶额外要求轻量性、隔热性等自然土壤不具有的特性，在排水性、保水性、透气性等基本特性方面提出更高的要求。

分类		火山石类	发泡玻璃类	轻型珍珠岩类
植被基层	表土层	组成材料：火山石 呈黑色，夏季辐射热导致根茎部温度上升时，水分蒸发大	组成材料：有机物 呈褐色，适宜做表土层	组成材料：黏土覆盖 呈褐色，适宜做表土层
	培育层	组成材料：火山石 大部分空隙（约80%）是大空隙，透水系数 1206mm/h，透水性好，有效水分比标准低 15%，不适合干旱期长的韩国气候（2001 年韩国最长干旱天数 119 天）2002 年后，由轻型珍珠岩替代	组成材料：发泡玻璃 + 有机物 透水系数 126mm/h，透水性差有效水分比标准低 23.6%，不适合干旱期长的韩国气候	组成材料：轻型珍珠岩 排水性和保水性好，最适合干旱期长的韩国气候 没有阳离子交换容量，养分保有力低
	排水系统	组成材料：聚苯乙烯自排水板 大小：100mm×100mm×50mm 隔热性好 密度为 0.05g/mm³ 以下，重量轻，夏季集中暴雨时容易饱和	无	开闭率为 77%，集中暴雨时可迅速排水，可以降低透水板铺设面积，比较经济
维护管理	土壤变化	颗粒可以长期保持原状，土壤成分为无机质，不发生土壤下陷，无需翻土	所含的有机质随时间化学分解，发生土壤下陷，排水不畅，pH 值上升等不良现象	土壤物理性可以长期保持，几乎不发生土壤下陷
	植被管理	不适合种植树木，可以种植花草类或草坪，自身的阳离子交换容量低，初期需要施肥管理	诱发病虫害，难以调节养分，有机质分解时 pH 值上升以及产生气体伤害	可以调节树木生长，初期树木生长快，花草类或草坪种植时需要另外添加肥分

韩国型屋顶绿化植被基层的特点是，表 5 所列 5 种自然土壤物理特性中，除专用性密度（屋顶绿化用土壤理应是轻量为前提）以外，其余取最高的值作为参照标准，整理成表 11。参数取值具体表述为：多孔性来自黏土，透气性来自砂壤土，排水性来自砂土，保水性来自壤土，保肥性来自黏土，土壤反应来自黏土等。屋顶绿化用人工土壤至少具备与此标准类似的特性。

德国的屋顶绿化，不仅防水材料，就连培育层土壤和植被层也做到了系统化模式。不过，德国的气候环境不同于韩国，年终降雨量分布比较均匀，气候变化相对稳定。因此，完全照搬德国的技术系统恐难以适应韩国的国情。

屋顶绿化用土壤通常以无机类人工土壤为主，可以防止土层腐蚀和减少对建筑物的损害。表土层可以使用有机物但要注意病虫害的发生，当土层的腐蚀有保证时，排水层也可以采用有机材料。

1. 表土层土壤

通常说来，黑色吸收太阳辐射热的能力强，红黄色系反射可视光线中的长波，吸收可视光线中的短波。因此，选择表土层颜色，也应当采用类似的红黄色。选择表土层，要考虑能够迅速排水的透水系数，土壤的密度和颗粒大小要与轻量型土壤接近，还要做到具有养分保有能力和如同地面一样的养分循

自然土壤中最适合的土壤物性　　　　　　　　　　　　　　　　　　　　表 11

分类	多孔性 空隙率 (vol%)	透气性 大空隙率 (vol%)	排水性 透水系数 （cm/s）	保水性 有效水分 (vol%)	保肥性 CEC (cmol/kg)	土壤反应 pH 值
适宜参数	57	36	0.0047	31.5	8.2	5.6
土壤种类	黏土	砂壤土	砂土	壤土	黏土	黏土

环。表土层一般可以采用黏土覆盖型材料或者含有有机物的人工土壤。人工土壤可以采用1~3cm厚的BARK、木屑、椰壳类，符合荷重限制条件时也可采用磨砂土。有机物的选用注意防止病虫害，不能采用没有进行防下陷处理或蒸养处理的BARK、木屑。

2. 培育层土壤

屋顶绿化中，植物的根茎在培育层能否健康生长发育，关系到屋顶绿化的成败，必须慎重选定培育层。在自然地面种植植物，一般不会考虑土壤的重量，换句话说，土壤物性的诸多事项中考虑土壤轻重问题没有太大意义。而在屋顶却不同，在屋顶种植植物，土壤的自重大小成很大的问题，大多优先选择轻量型土壤。前面多次提到过，在韩国夏天的雨季，集中年平均降水量的50%，经常出现一时间的集中暴雨，这种情况在屋顶绿化方案和对策中，一定要充分体现。反映透气性和排水性指标的大空隙率和透水系数高的土壤，空气流通顺畅，土壤水分容易蒸发，土壤颗粒较大，水分保有能力下降。透气性和排水性低的土壤，遇到雨季出现的集中暴雨，土壤容易饱和，导致土壤流失，甚至发生植物倒伏。屋顶绿化用培育层要求排水性能好，具备较高的大空隙率和透水系数。韩国的全年降雨分布不均匀，春、秋干旱期也就是蒸发量大于降水量的时期，从10月份一直延伸到次年的6月份。雨季水量过多，旱季水量不足，这种气候条件对植物的生长发育很有可能是致命的。因此，在韩国，适合屋顶绿化的土壤，不仅排水、透气性能要好，而且保水性能也要出色。

我们把一定量的土壤或胶质物所持有的可交换阳离子总量称作阳离子交换容量CEC，与土壤颗粒的负离子大小成正比，也就是反映土壤或胶质物所持有的负离子总量。这种交换过程说明，施肥等方式供给土壤的阳离子，即便土壤被雨水冲刷，也能被植物所吸收。同时也要求一定量的土壤存在。

另外，土壤的pH值也很重要，pH值表示土壤的化学性质，表示土壤的酸性和碱性程度。植物吸收土壤中的养分，需要合适的pH值。在选择土壤时，须要注意的是，适合植物生长的pH值为6~7（呈弱酸性）。

蛭石非常符合培育层土壤选定标准，弱点是内部空隙的生成为同一个方向，强度弱，容易被压缩，在根茎的挤压和外部冲击下，容易被压塌。曾经有过作为屋顶绿化用培育层土壤使用的蛭石，经过2~3年后发生植物枯死的案例，如今几乎不使用。

轻型珍珠岩类土壤除阳离子交换容量外，其他物理性质均符合要求，是目前最广泛使用的屋顶绿化用培育土壤。

3. 排水层土壤

用作排水层的土壤，在韩国不仅要求良好的排水性，还要求适当的保水性。良好的排水性需要土壤颗粒大，提高保水性需要合适的颗粒分布。不然无法适应集中暴雨、长时间干旱等韩国恶劣的气候条件。从功能上看，培育层土壤不能流进排水系统里面，阻塞透水系统，因此，排水层土壤的设计必须考虑与上部培育层的协调一致性。现在作为排水层土壤多使用大颗粒轻型珍珠岩类，由于其价格高，逐步往小颗粒方向转变。解决这个问题的方法是可以采用直径1~3cm的椰壳替代，这种材料与BARK、木屑不同，耐腐蚀性很强，可达30年以上，在屋顶绿化的整个期间无须担心其腐蚀性。

以上，我们详细讨论了屋顶绿化用植被基层和土壤。如果我们不断挖掘运用屋顶绿化技术，使之与百年建筑物共呼吸，把奇葩留给我们的后代，到那时屋顶绿化不单单是技术，而是屋顶绿化文化，必将成为与人类同呼吸、共依存的美丽的屋顶绿化。我们做屋顶绿化不光是为了维持几十年，而是为了维持几百年，为了代代相传，因此我们应该加倍努力，不断开发创新。

屋顶绿化的年间维护管理

以宪法法院白松天空公园案例为中心

沈泰燮　宪法法院行政管理局总务科造景设施担当

一、宪法法院屋顶公园概要

• 项目背景

——宪法法院建筑物坐落呈东西向，夏季炎热，冬季寒冷

——法院建筑空间不足，需要兼作员工的休息空间

——鉴赏周边美丽城市景观，做一个屋顶生物原生态系统

——作为首尔绿色城市事业的一环，促进公共管理机关屋顶公园化事业

• 施工日期：2008年7月1日~2008年9月10日（共计72天）

• 施工面积：772坪[①]，其中，

——五层屋顶：619坪（混合型366坪，轻量型117坪，不可绿化面积136坪）

——二、三层中庭和四层屋顶：153坪（混合型96坪，轻量型57坪）

• 总投资：84785万韩元

• 工程主要内容

——二层中庭：野外桌椅，木质平台，自耕，南川，黄杨木等

——三层中庭：野外桌椅，木质平台，藤椅，树木等

——四、五层南、北侧屋顶：松树，卫矛，黄杨木等

宪法法院白松天空公园

---

① 1坪 = 3.3m² ——编者

屋顶公园东侧的四季

屋顶公园南侧的四季

——五层屋顶：野外桌椅，水臼，绿荫小径，植材等

• 结构加固工程：南北侧柱子和梁4个（钢板加固）

二、屋顶绿化系统维护管理

1. 绿化设施管理

①排水设备管理

仔细检查排水沟、排水算子，防止防水层漏水。定期清理落叶等垃圾，防止阻塞排水沟。至少每月检查一次，预报有暴雨时，前后必须检查。

②防水层管理

定期查看有无漏水，重点要检查排水算子等连接部位的防水材料有无问题，裸露式防水时，要注意其他设施的管理情况（至少每年检查一次）。

③灌溉设施管理

要定期检查装置，电池型装置要定期更换电池。利用中水和雨水，要清理干净末端装置，防止阻塞。供水泵每年检查一次，每月检查

屋顶公园西侧的四季

屋顶公园北侧的四季

作业情况一次。

④土壤管理

检查土壤厚度是否整体上均匀，春天随着气温上升，土壤发生分层的情况，这是冬季冰冻的土壤融化和季节的反复造成的，对植物的生长不利，应该进行拍压的工序。时刻注意土壤的含水情况，水分过多会影响植物的生长。土层表面发生飞扬时，要有应对的对策。定期检查人工土壤的裸露部分，事先想好覆盖层等对策。

⑤结构安全管理

应根据屋顶绿化类型，采取相应的管理措施（应熟悉绿化类型特点，基本注意事项）。重量型绿化类型，植物如果过快生长，其荷重增加也加快，对结构物不利，应适当进行控制和修剪。植物枯死需要补种，要征求专家意见，选择合适的树种。人的活动过于频繁，也会对结构产生不利影响，要适当地调整。凡是和结构安全有关的事项，均不能疏忽，要请专家指导解决。

2. 植被管理

①灌溉管理

注意事项：要记录无降雨天数、降雨量、土壤的水分保有度。土壤层较薄的低管理型轻量土壤和轻量型屋顶绿化，较长时期降雨量偏少，应进行适当的灌溉。

灌溉时机：通常低管理、轻量型屋顶绿化使用的植物耐旱性较强，不需要经常性的浇水，只有干旱时间长的时候考虑，其他季节则根据实际情况进行调整，两周以上没有降雨应该进行浇水，浇水时间一般选择在早晨或傍晚。冬季浇水应选择相对温暖的日子。

浇水时间：通常气温较低时选择在早晨 10 时，气温较高时选择在早晨 8~9 时或者下午 4~5 时浇水为宜。在韩国，傍晚浇水比较有利。重量型绿化移植树木以后必须立即浇水，要定期维护管理。

浇水方法：人工浇水的时候，注意不要集中浇一个地方，必须大面积均匀浇水。轻量型绿化浇水时注意砂土流动，在比较硬的土壤浇水，要调整好水压和水量，防止土壤的飞溅或者土壤表面的陷落。

②施肥管理

注意事项：屋顶绿化使用的自生草本类植物，生命力顽强，无需施肥，也能较好地适应屋顶环境条件。过量的施肥反而造成不利影响，必要时适当施肥，比较理想的做法是，使植物处于半饱和状态。

施肥时机：充分考虑植物的种类和土壤特点，调节施肥次数和施肥量，

屋顶公园东北侧的四季

第四、五层南侧的四季

通常一年施肥一次。一般在 4~6 月份或者 8 月下旬 ~10 月份进行施肥。氮、磷、钾肥的配比要适当，应避免在雨季、炎热的夏季、寒冷的冬季、刚刚移植等时间段。

施肥方法：速效性化肥不如缓效性肥料。通常使用溶解性好的固体肥料，根茎发育不良或快速取得效果可以并行叶面施肥。重量型绿化，移植树木时可以和无机肥混合使用，待树木完全扎根长出新叶时，进行施肥。

③除草以及平整 / 修剪管理

除草注意事项：低管理、轻量型绿化，杂草影响移植植物时进行除草。规模较小的屋顶，动用人力除草比使用农药安全。规模较大的屋顶可以使用除草剂，要注意农药大多毒性强，造成环境污染，不能以加急方式使用。不得已使用农药时，也要充分把握注意事项，避免加大农药浓度。

平整以及修剪注意事项：低管理、轻量型绿化，移植的植物多为草本类，无需进行平整以及修剪等管理，当进行植物更新或者植物过于茂盛时，要进行适当的修整管理。重量型绿化，要控制植物的过快生长，有必要进行修整。修剪不必要的树枝，进行必要的整形，减少养分的浪费，有利于通风和采光。修剪时间一般选择在植物的休眠期，具体说来，针叶树木在春天，阔叶树在晚春发芽前，落叶树在落叶期间进行修剪。

④病虫害管理

注意事项：病虫害管理以预防为主，发生病虫害时应当及时进行除害处理。单一种类的植物容易发生特定的病虫害，采取不同种类的植物混种方式，利用天敌的原理，进行病虫害的防治管理效果好。雨季，气温高，最容易发生病虫害，要特别留意病虫害的发生。

防治时机：由于病虫害的种类和发生时期不同，有不少病虫害仅发生轻微损害，此时无需人工干预。屋顶绿化与人类的居住地相邻，应该尽量避免使用药物。发现病虫害，应迅速采取措施，把病虫害控制在局部最小限度。

物理性防治方法：采取人工夹除病虫或者剪断病虫入侵的树枝的方法，这种方法可以随时发现随时实施，对周边的影响最小。

药物防治：使用时要充分把握药品的种类、浓度、特性、适宜植物、适宜时机、适宜时间和气候等因素，不同的病虫其潜伏期和虫卵存活期也不同，应根据不同情况反复使用，直到杀灭为止。

⑤其他管理

关于植物枯死：屋顶绿化受到不同环境影响，和陆地植被相比较容易枯死。发现枯死的植物，应当及时去除，同时查找原因，确定对策，重新补种。枯死的原因如果是树种的选择，则应该替换树种，原因如果是在狭小的空间植物过密，则适当稀疏过密空间或者翻耕土壤便于其他植物生长。出现整体枯死的情况，可能是浇水不足，应调好灌溉设备，重新补种植物。

抗强风对策：采用覆盖层的方法，最低限度地降低土壤飞扬。

三、屋顶公园月间管理

• 2~3 月管理

火山石材料（作业路）整理

枯叶和上枝截断

支撑架再固定（第一次）

无穷花露天栽培

除草：地被植物

除草：步道

修剪伸进步道的树枝

火山石材料铺装整理

撒开苔藓

再供水

撒开苔藓

清扫排水路径

• 4月管理

• 综合防治（每年4次）

组合系统管理

补种地被植物

东侧

西侧

支撑架再固定（第二次）

除草：草丛堆植物

南侧

北侧

除草：地被植物

树木病虫害防治（局部）

二层中庭

三层中庭

平整草坪

草坪病虫害防治

四层南侧

四层北侧

• 5月管理

除草（人力）

花木类修剪

术侧修剪（卫矛）

术侧修剪（黄杨）

树木病虫害防治（局部）

混种植被整理

• 6月管理

除草（人力）

修剪草坪

树木病虫害防治

草坪病虫害防治

混种植被整理

出入门设置

• 7月管理

平整草坪

树木病虫害防治

草坪病虫害防治

混种植被整理

修剪黄杨木

藤蔓植物整理

• 8~9月管理

修剪伸进步道的树枝

藤蔓植物整理

撒开苔藓

补种地被植物

• 10~11月管理

去除旧叶

去除旧叶

GREEN

第二章　屋顶绿化设计施工管理方法（简称工法）和使用材料

ZinCo 轻量型屋顶绿化系统 /land arc 生态造景
彩虹屋顶绿化系统 /rainbowscape（株）
模块化型屋顶绿化系统 /Eco & bio（株）
低管理型屋顶绿化植材布置 GRS-GCU/（株）韩国城市绿化
A.R.T 绿化系统 / 韩国 CCR（株）

绿色雨水模块系统 / 韩设绿色
汉水屋顶绿化系统 / 汉水 GREEN TEC（株）
屋顶造景用培育土，生园精 /（株）大地开发
屋顶和墙体绿化用 SB 花坛 / 三佛建设

ROOF

　　本章是有关屋顶绿化设计施工管理方法（简称工法）和使用材料，内容以主要特征、结构、效果、施工方法、代表性的案例为主，包括不上人型自然粗放屋顶绿化，运用防根茎植物组块的风干型绿化方法，蓄水、排水、过滤、防根茎为一体的模数化屋顶绿化，利用植被组合和培育基层组成技术的低管理型屋顶绿化，低管理轻量型无土屋顶绿化系统，利用蓄水、植被平台的储存雨水型屋顶绿化系统等方法。正如金贤洙博士在屋顶绿化第一章中所讲的那样，屋顶绿化方法从第一阶段的屋顶绿化，经过第二阶段的屋顶绿化系统，目前发展到结构体、隔热层、防水层、防根茎层、土壤层、植被层统合成建筑物的外装系统，建筑物和造景完全融合为一体的新型的绿化屋顶系统。

　　总而言之，诚恳期待开发出屋顶绿化效果最大化的绿化方法，促进屋顶绿化得到更加广泛的普及。

ZinCo 轻量型屋顶绿化系统
不上人型自然粗放屋顶绿化实践案例

资料提供 | land arc 生态造景

一、ZinCo 系统引入背景

德国 Esslingen 屋顶绿化实例

图片是德国 Esslingen 地方自治团体建筑屋顶绿化实景，是由德国 ZinCo 和 Frauhofer 研究所于 1977 年规划、施工完成。设计把隔热作为解决问题的重点，经过 33 年始终保持屋顶绿化功能和景观特性。在被混凝土建筑包围，烟雾缭绕的城市中间完成的这个绿色景观，从建筑物力学观点看，可谓是一场革命。这个案例明确告诉我们，屋顶绿化的美丽，生态功能的实现，需要稳定的植被生长基础的支撑，而这种基础离不开技术的不断开发和创新。

主导这个项目的 ZinCo 是一家于 1957 年德国斯图加特成立的屋顶绿化系统国际性企业。自 1974 年最早开发屋顶绿化系统以来，发展迅速，到目前通过全球 23 个国家的网络，每年提供 135hm² 以上屋顶绿化系统。

2000 年年初，韩国由首尔市牵头，全国各地方自治团体纷纷开展公共建筑和民间建筑物屋顶绿化援助事业。当时屋顶绿化的主要施工方法是，在人工基层上铺设排水板和多孔石（蛭石），其上再铺设人工土壤或者普通土壤，为了满足可视为绿地的法律规定，土层厚度大多选定 1m 左右，试图把地面的乔木种植方法照搬到屋顶绿化中。

屋顶绿化一方面要求选择满足建筑物荷重的土层厚度和植被种类，另一方面要求稳定的植物生长基层。如何解决这一对矛盾，开发适合的绿化系统和方式，成了屋顶绿化成败的关键。为此，经过两年的紧密协商，2006 年 4 月与 ZinCo 达成独家合作协议，在韩国实施 ZinCo 屋顶绿化系统的经销、施工和研究。当时，ZinCo 在美国加利福尼亚大学研究院、英国竺比尔里帕克、土耳其美伊丹中心等投资总计 100 亿韩元的屋顶绿化项目在实施，通过与 ZinCo 的合作，把这些世界屋顶绿化领域具有标志性的技术引进到韩国成为可能。

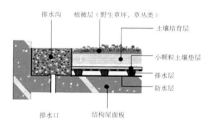

普通屋顶绿化系统

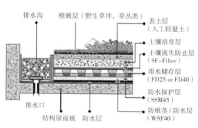

ZinCo 屋顶绿化系统

二、ZinCo 轻量型屋顶绿化系统

考虑屋顶绿化，时刻不能忘记的是"屋顶是没有土壤的空间"，要时刻持有屋顶绿化与自然地面造景完全不同的观点。调节好空气、水、管理三要素，必须具备能够储存雨水的功能和技术，必须具备雨量过大时适量排出雨水的系统。系统化的屋顶绿化所体现的主要技术就是，可以将储存的雨水使用在庭院浇水等多种用途，遇到洪水时还可以有效调节。

ZinCo 屋顶绿化系统经过长达35年的研究，其稳定性和效果得到充分验证，和普通屋顶绿化系统相比较，具有以下特点。

①具有雨水储存功能

普通屋顶绿化系统仅考虑排水，没有雨水储存功能，遇到干旱，植物容易受到伤害。ZinCo 屋顶绿化系统通过雨水储存板（SSM45）和雨水储存层（FD25 or FD40），将雨水储存下来在旱季使用。ZinCo FD25 系统当土层厚度为7cm时，雨水储存能力为每平方米约23L。

②具有防植物根茎穿透功能

普通屋顶绿化系统，抵抗植物根茎穿透防水层，造成建筑物裂缝的能力较弱。ZinCo 屋顶绿化系统通过防根茎垫层（WSF40）保护防水层和建筑物。经过长时间研究的结果是，当防根茎垫层厚度为0.36cm时，足以取得防植物根茎穿透效果。

③系统强度高

在普通屋顶绿化系统中，常用的平面型排水板抗压能力较差，而 ZinCo 屋顶绿化系统的雨水储存层对压力不敏感，没有被损坏顾虑，抗压强度高（FD25 的抗压强度为250kN/m²）。

④维护管理费用低

普通屋顶绿化系统由于没有防根茎和雨水储存功能，必须另外增加灌溉设施，发生较高管理费用。相比之下，ZinCo 屋顶绿化系统具有防根茎和雨水储存功能，可以减少管理人员和管理费用，从长远看，经济性更好。

⑤植物的适应环境好

普通屋顶绿化系统的植物枯死率较高，而 ZinCo 屋顶绿化系统在雨水储存层形成透气层，有利于植物根茎的生长，增大植物的适应能力。

⑥隔热功能好

土壤过滤层（SF Filter）
雨季只有雨水向下排出，旱季将水蒸气从水分储存层向土壤层输送

排水层（Floradrain 25）
ZinCo 系统核心、储存 10L/m² 雨水多、于雨水排出功能、土壤层下透气功能、分散荷重，使用环保型重复使用材料

储存水和保护组件（SSM 45）
储存 5L/m² 雨水，储存随雨水流下来的植物养分，随水分扩散再向植物提供，和 WSF 组件一起保护防水层，使用环保型重复使用材料

防根茎组件（WSF 40）
完全阻断植物根茎穿入防水层和建筑物

ZinCo FD25 系统简要

ZinCo 系统剖面详细示意

普通屋顶绿化系统，依据土壤厚薄，可以期待约 16.6% 的节能效果，而 ZinCo 屋顶绿化系统，结合防水保护层、雨水储存层、防根茎组件等要素，把隔热性能提高 40% 以上，节能效果更高。

此外，ZinCo 屋顶绿化系统采用环保材料，具有可以重复使用、施工简便等特点。

三、ZinCo FD25 系统

后面要介绍的老幼雨水处理净化厂屋顶绿化，就是采用 ZinCo FD25 系统的案例。ZinCo FD25 系统经过百万次的实验验证，从瑞士以及北欧的山岳地带到新加坡的热带区域，适宜在全球多种气候下使用。ZinCo FD25 系统的土层厚度为 7cm 以下，密度为 60kg/m²，适合大部分屋顶绿化，包括人工土内可以储存 23L/m² 雨水，旱季非常实用，维护费用可以大大降低。而且，在土壤层下的雨水储存层里生成透气层，有利于植物根茎的生长，防止植物根茎穿入防水层的能力强。

ZinCo FD25 系统的核心要素就是贴有 Floradrain 商标的雨水储存

采用 ZinCo 系统的老幼雨水处理净化厂屋顶

开工前对象地屋顶

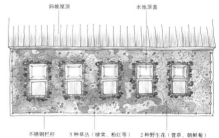

屋顶绿化平面图

层 FD25。系统采用可重复使用的聚丙烯高强度板，板上开有通气孔，板下设有储存雨水的凹槽，可长期储存水，通气性好。板下利用多向性管排出多余的水。板面粘有聚丙烯纤维制成的称为 SF Filter 的过滤布，阻止土壤的流失。

四、实例介绍：老幼雨水处理净化厂屋顶绿化

1. 对象地概况
——位置：首尔市光津区紫阳洞 160-1（青坝 – 永东大桥区间）
——面积：158m²；竣工；2007 年 4 月；采用系统：ZinCo FD25 系统

2. 引入背景
雨水处理净化厂是调节大量强降雨量的泵站，对城市里的雨水管理非常有效。由于泵站大多设置在河边或者主干道旁边，从车上或附近居住区可以直接看到简易外形，容易被视为城市脏乱设施，改善其面貌迫在眉睫。

雨水处理净化厂位于永东大桥北侧出入匝道边，完全裸露在车辆和附近居民区面前，景观要求高，配合净化厂的土建一并规划屋顶绿化。

雨水处理净化厂屋顶为不上人屋面，不设通往屋顶的通道，没有配置灌溉设施和管理人员，实现无人型自然调节屋顶绿化。为此，如何全凭雨水保障植物生长，成了要解决的最大课题。

和地面种植不同，原则上讲，屋顶绿化中如何利用水最关键。落在地面的雨水要渗进土壤中，其中的一部分被储存，为植物所利用。当土层厚度较薄时，雨水流失速度很快，土壤中储存不了水。屋顶情况与之类似，雨水储存能力很低。这种地方种植植物，需要水源。本案由于种种原因，没有设置灌溉设施。

在既有建筑物屋顶绿化中，经常强调的审美环境所需的目的、功能，在本案中难以一一对应，需要引入崭新的观点和解决方法。

3. 施工着眼点
①防水工程
屋顶绿化中，防水的重要性是显而易见的。目前，还没有符合屋顶绿化的理想的防水做法。只能在原有的防水做法和建筑物的具体情况的基础上，考虑相对适合的防水做法。本案屋顶为混凝土屋面板，上部设有若干开口检修孔，结合实际防水采用聚氨酯涂抹防水，反复多次涂抹聚氨酯橡胶系材料，满足设

计厚度，要求施工无缝涂抹对接。

这个做法的核心要求是，做到连续性的无缝涂抹对接，充分把握基层对施工质量的影响。这个做法的优点是，最后生成的防水层没有施工缝，伸缩性能好，不规则基层周围施工简便。由于是冷作业，施工时没有火灾和烧伤的危险。

②防根茎穿透组件（WSF40）

为了保护屋顶防水层，需要一个完全阻断植物根茎穿透的手段。WSF40组件可以有效防止植物根茎的穿透，可以有效保护防水层。施工要求互相重叠部分长度约1m，确保结合部位的质量，延伸到外墙的部分，要求高出植被层100mm以上。

③防水保护层（SSM45）

SSM45防水保护组件的作用是雨水储存和防水保护层，要求施工确保连接部位的质量，做到连接部位紧密、没有张开。SSM45组件每平方米可储存5L水。值得一提的是，采用的材料都是环保型可重复使用材料。

④雨水过滤层（FD25）

雨水过滤层的作用是把储存的雨水在旱季提供给植物。要求施工把握破损可能性部位，尽量减少截断面。尤其注意在排水口周边处的截断。和SSM45组件一样，采用环保型可重复使用材料，每平方米可储存10L水。

⑤土壤流失防止层（SF Filter）

当雨水通过植被基层流向排水系统时，携带少量的土、覆盖物、植物碎片等物。因此，有必要设置过滤层，防止珍贵的植被基层流失和排水系统阻塞。SF Filter的作用就是雨水的净化和防土壤下陷。施工时尽量放平直，截断尺寸尽量放大，避免土壤朝FD25方向下垂。

⑥土壤培育层

为了降低屋顶荷重，提高土壤保湿效果，采用人工土壤。人工土壤的相对密度为0.2，属于轻量型，考虑自然下沉，实际使用量为设计量的120%，相当于设计土层厚度为70mm时，每平方米使用量为91L左右。人工土壤上部采用表土用人工土壤覆盖，不仅改善景观效果，还可以防止强风带来的土壤流失。本工程采用的人工土壤和上部表土用人工土壤所占比例各50%，为了便于排水，使用一部分排水用轻量土。

4. 成果和意义

本净水厂屋顶绿化，自2007年4月竣工以来，没有进行浇水等人工管理。在以后的维护中，捡拾过干枯的叶子，没有进行除草作业。本案例的成果和意义归结如下：

①韩国第一个引进公认为世界最高品质的ZinCo屋顶绿化系统，竣工到目前已有三年，没有进行浇水、除草等人工管理，实现了"无人自然粗放型屋顶绿化"。

②以自然粗放型为基础，构筑了生态环境，也就是人工种植植物和野外飞来的种子共同扎根生长的自然生态环境。

③实现了零管理费，为其他需要增加投入的社会间接资本等人工基层屋顶绿化，提供了经验。

屋顶绿化的研究课题，一是屋顶空间的高效运用，二是基于雨水管理的"自然亲和型生态屋顶庭院系统的构筑"。本案例的最大意义在于，提示了全面利用雨水实现可持续亲环境资源的可行性。

刚刚竣工时的实景

工程完工一年后的实景

工程完工两年零四个月后的实景

彩虹屋顶绿化系统
屋顶绿化型防根茎植被组块及风干式屋顶地面绿化方法

资料提供 | rainbowscape（株）

一、方法介绍

1. 概要

以往使用人工土壤进行屋顶绿化时，遇到不少不好解决的问题。本方法针对这些问题，将屋顶绿化方法作了改进，最大限度地确保各个要素的充分发挥。

首先，针对植物根茎损伤屋顶防水层的问题，开发了集防根茎储水为一体的屋顶绿化组合体，这种组合体设有储水池，利用设在排水口附近的法兰盘，阻止植物根茎往排水口的延伸，还能储存一定的水。

其次，这种组合体下端的可移动式支撑托把组合体架空，与建筑屋顶之间保持一定距离，可以透气。利用设置在两端的送风和排风装置，可使空气循环，保证屋顶处于干燥状态。这种绿化方法取消了以往必须设置的防水层，绿化效率得到提高。

2. 目的

以往的屋顶绿化，要求防水和防根茎措施，单位荷重较大，施工费用也较高，既有建筑物上的推广遇到不少阻力。彩虹屋顶绿化系统施工工期短，施工费用较低，无须采取其他特别的措施，非常适合在既有建筑物上推广应用。

二、效果和特点

1. 无须屋顶防水层，排水性能好

彩虹屋顶绿化系统，可以有效防止植物根茎穿入建筑屋顶表面或防水层。通过构造上的处理，防止植物根茎伸进排水口，利用空气循环系统保持屋顶表面的干燥，屋顶绿化的排水能力大大加强，无须设置屋顶绿化防水层。

2. 日常维护管理方便、经济

彩虹屋顶绿化系统，重量轻，便于搬运，施工工期短，施工成本低，竣工后无须浇水，外来的杂草自生自灭无须特别照料，只需每年施肥一次，管理方便。

3. 抗恶劣气候条件的能力强

彩虹屋顶绿化系统，排水迅速，保水性高，隔热保温性好，无论是长期干旱还是夏天的高温、集中暴雨还是冬季的低温，都能使植物良好地生长发育。

4. 采用材料以人工火山石为主，施工简便

无须担心刮风时的尘土飞扬，不发生疾风暴雨时的土层分块和沉陷，可维持土壤的保湿，对植物带来的损伤小，无须特别的表面覆盖层，施工简便。

三、彩虹屋顶绿化系统的防根茎植物组合体构造

这种组合体呈箱形，上部是植物培育空间，底部中央布置排水口，两侧向下突出作为雨水储存区域，下端的可移动式支撑托与屋顶相接触。排水口上方设置圆形法兰盘，阻止植物根茎向排水口渗透，把底部带有凹槽的盖子扣在法兰盘上。参见组合体的平剖面示意图。

四、彩虹屋顶绿化系统的内部组成和风干式绿化工法原理

彩虹屋顶绿化系统自带储水、排水和防根茎组件。作为排水层采用多孔轻量陶粒土，上铺透水性较弱的过滤性细颗粒土，最上部铺设人工配地，组合体上部两侧设置透明挡板。

植物组块内部设置由多孔陶粒轻量体组成的排水层和排水性、透水性较低的细颗粒过滤层，以及人工配地层。

在人工配地种植植物，屋顶两侧设置空气循环装置，根据需要实施屋顶地面的干燥作业。

五、彩虹屋顶绿化系统风干式绿化工法过程

过程1：组合体底部中央布置排水口，两侧向下突出作为雨水储存区域，下端的可移动式支撑托与屋顶相接触。排水口上方设置圆形法兰盘，把底部带有若干凹槽的盖子扣在法兰盘上。组合体具备储水和排水功能，无须防水、防根茎措施。

过程2：在组合体上部两侧设置透明挡板。

过程3：铺设多孔轻量陶粒土作为排水层。

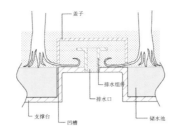

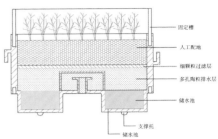

防根茎植物组合体剖面图1　　防根茎植物组合体剖面图2

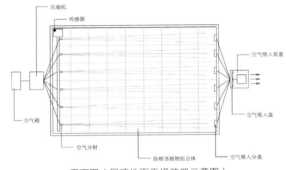

平面图（屋顶地面干燥装置示意图）

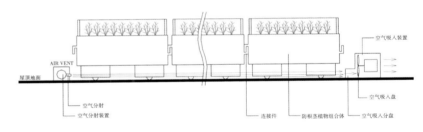

剖面图（空气通过防根茎植物组合体底部示意图）

风干式屋顶绿化工法过程

过程4：铺设排水性和透水性较弱的细颗粒土，作为过滤层。

过程5：在过滤层上铺设人工配地，人工配地由细小颗粒状发泡玻璃和壤土化合物混合构成。

过程6：在人工配地上种植植物。

过程7：利用设置在屋顶两端的送风和排风装置，必要时进行空气循环作业，保证屋顶处于干燥状态。

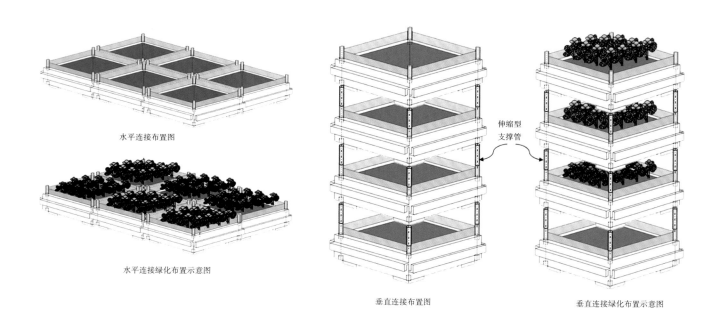

水平连接布置图

水平连接绿化布置示意图

伸缩型
支撑管

垂直连接布置图

垂直连接绿化布置示意图

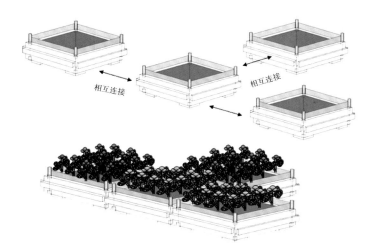

相互连接

相互连接

六、代表性的施工案例

①大韩住宅公社总部屋顶

大韩住宅公社主馆第三层和副馆第四层屋顶 | 京畿道城南市分当区鸭子洞 | 面积：1495m² | 施工年度：2001 年

②一山布朗斯顿屋顶

布朗斯顿第十五层屋顶绿化 | 京畿道高阳市一山区白石洞 | 面积：1800m² | 施工年度：2005 年

③首尔树丛管理栋屋顶绿化

首尔树丛管理栋屋顶绿化 | 首尔市城东区圣水洞 | 面积：870m² | 施工年度：2005 年

模块化型屋顶绿化系统

储水、排水、过滤、防根茎为一体的模块化屋顶绿化

资料提供 | Eco & bio（株）

一、模块化型屋顶绿化系统概念

模块化型屋顶绿化系统（以下简称 MRG）就是把储水、排水、过滤、防根茎一体化、模块化，各要素以标准模块相互联系的绿化系统。

二、产品特点

1.屋顶绿化所需各要素的技术一体化

①模块底部面积的 4% 作为排水口，可将夏季暴雨迅速排出，模块底部下设有 3cm 高、纵横交错的排水沟，可将模块排出的水迅速流走。还能节省 20%（10t 为基准）土壤，荷重也自然降低。

②模块底部面积的 36% 作为蓄水池，蓄水池的高度为 3cm，对水分蒸发严重的屋顶气象条件作用显著，旱季有效解决植物水分需求。

③排水沟里铺设蛭石，防止植物根茎伸出模块外,防止细颗粒土壤流失，保护建筑屋顶表面。

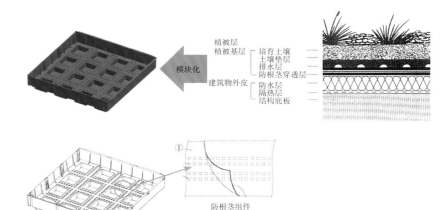

植被层
植被基层 ┤ 培育土壤
          土壤垫层
          排水层
          防根茎穿透层
建筑物外皮 ┤ 防水层
          隔热层
          结构底板

防根茎组件

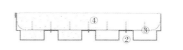

①排水、防根茎、过滤功能一体化
②排水、透气和隔热功能
③干旱对策蓄水池
④植物生长的土壤层

图 1　Eco Top 构成图

图 2　模块化型屋顶绿化系统的植材剖面

④上述所有功能要素汇集成模块化，无须其他材料。

2. 模块中的各要素连接紧密

①模块以拼装咬合方式组成，相互连接非常紧密，长时间保持不散架、不变形，是较为理想的结构物。

②各个组块之间咬合连接非常紧密，防止土壤从连接处流出。

③各组块可以随意拆卸，模块中的部分组件需要替换，只需拆装该部分组件即可，组块维护简便。

3. 可以按照需求进行全部或局部屋顶绿化

由于每个模块是一个完整的独立体，每个模块之间还可以拼接，因此，根据屋顶面积和需求，随意进行绿化事业。

4. 适用于多种种植土壤

①模块按照屋顶绿化标准制作（参照人工基层绿化协会纪要），适用于所有土壤制作材料。

②也可以采用 Eco&Bio 专门为模块开发的屋顶绿化用植被土壤。

5. 适用于多种植物种植

①多种植物均适合在模块型屋顶绿化系统中种植。

②既可以在屋顶铺设土壤种植植物，也可以在地面种植好植物后搬移到屋顶，绿化效果即可显现。

产品特性

EcoTop EP-16（坡屋顶 / 低管理型）					
模块部		防根茎蛭石		示意	
材质	H.D.P.E	材质	聚氨酯类		
颜色	绿色	相对密度	0.91		
重量	1400g	熔点	165℃		
大小	500mm × 500mm × 100mm	纤维状态	连续不间断		
		纤维连接	热熔结合		
		纤维粗细	40~50micron		

EcoTop EP-25（轻量 / 低管理型）					
模块部		防根茎蛭石		示意	
材质	P.P	材质	聚氨酯类		
颜色	黑色	相对密度	0.91		
重量	950g	熔点	165℃		
大小	500mm × 500mm × 30mm	纤维状态	连续不间断		
		纤维连接	热熔结合		
		纤维粗细	40~50micron		

EcoTop EP-510（轻量 / 低管理型）					
模块部		防根茎蛭石		示意	
材质	P.P	材质	聚氨酯类		
颜色	黑色	相对密度	0.91		
重量	600g	熔点	165℃		
大小	1000mm × 500mm × 30mm	纤维状态	连续不间断		
		纤维连接	热熔结合		
		纤维粗细	40~50micron		

图 3　EP-16 型植材示意

图 4　EP-25 型组装方法示意

三、设计施工实例

EP-16 施工前　　　模块安装　　　土壤铺设　　　植物种植　　　植材结束　　　全景

EP-25 施工前　　　模块安装　　　土壤铺设　　　植物种植　　　植材结束　　　设置安全网

排水沟　　　排水沟侧面　　　防护支撑架　　　雨水池和光伏板　　　雨水收集装置　　　雨水收集器控制盒

一年后实景　　　　　　　一年后实景　　　　　　　全景

缝隙绿化　　　　　　　一年后实景　　　　　　　气象观测系统

首尔女子大学施工过程以及植被实景

1. 首尔女子大学行政馆

①实施对象

——位置：首尔市老原区公陵2洞首尔女子大学本馆

——建筑结构：混合型

②特点

——下世纪核心环境技术事业的一环，环境部研究课题试验项目

——低管理、轻量型屋顶绿化系统及植物种类选择试验

——植物培育模板及雨水循环系统研究基地

——2005年：植物选种试验（草本类100种）

——2006年：植物培育模板开发试验

——2007年：雨水输出及循环系统试验

③平面设计组成

——空间组成（要素）：模块型屋顶绿化系统

——结构问题及对策：混合型，规划与之相适应的土层、植被和设施

——使用对象：学生及教职员工休闲空间，教育和研究基地

——步道和设施物布置：平台连接法，木质座椅

——排水及灌溉设施：引入储、排水板，保证快速排水，可拆装易于检查漏水及意外部位损伤

——植被设计：乔木、灌木共7种280棵，朝鲜菊等花草100种1.2万株，草坪等（常绿、落叶树种，多种颜色的灌木、花草混合，感受季节变化）

④使用工法

• 植材模块

——植材板选择Eco&Bio屋顶绿化用模块，大小为：500mm×500mm×100mm，这种模块底部凹凸并开有小孔，雨量小可储存水，雨量大可排出多余水。

• 各组成要素的现状和特点

——土壤：选取适合结构要求的土层厚度（花草类取100mm，乔灌木类取400mm以下），轻型珍珠岩类，苔藓，有机肥料，蛭石混合土壤

——蓄水：采用可储存水的蓄水板（自管理型）

——排水：选择暴雨时也能迅速排水的排水板

——防根茎：选择与模块一体的防根茎系统

• 施工注意事项

——组装模块时，正确掌握各个组件的正反方向

2. 道峰区上谷大厦

①实施对象

——位置：首尔市道峰区放鹤洞上谷大厦

——建筑结构：混合型

②特点

——2006年被选为首尔市屋顶公园援助事业项目

——较小空间种植多种植物

——采用蓄排水一体的模块系统

③平面设计组成

——空间构成（要素）：模块型屋顶绿化系统

——结构问题及对策：混合型，规划与之相适应的土层、植被和设施

——使用对象：职员及建筑物使用者休闲空间

——步道和设施物布置：采用垫脚石，感受自然和回忆，富有动感，情绪上的安定

——排水及灌溉设施：引入储、排水板，保证快速排水，局部可拆装易于检查漏水及意外部位损伤

——植被设计：乔木、灌木等11种327棵，长柄百合等花草类6种800株，草坪等

④使用工法

——植材模块：选择Eco&Bio屋顶绿化用模块，大小为：500mm×500mm×100mm

——各组成要素的现状和特点：与首尔女子大学行政馆相同

道峰区上谷大厦，一年以后的实景

低管理型屋顶绿化植材布置 GRS-GCU
运用降低管理型屋顶绿化植材组合体的培育基层组成技术

资料提供｜（株）韩国城市绿化

一、何为 GRS-GCU？

以往的屋顶绿化都是在建筑物屋顶附加实施绿化工序，而 GRS-GCU（Green Roof System-Ground Cover Unit）是将植物和土壤的组合体安装在屋顶的、可以担当建筑物复合外皮功能的一种新的屋顶绿化系统。

尤其要强调的是，GRS-GCU 是克服了既有技术限制的低管理轻量型系统，综合解决了坡屋顶的安定性、维护管理的费用负担、抗风压、施工安全等问题。

二、GRS-GCU 的特点

1. 缩短工期及费用降低

和以往的铺设型屋顶绿化系统相比，通过简单的组装就可以完成，施工人力和工期大幅缩短。

2. 减少维护管理费用

屋顶绿化系统中使用的人工土壤一般都比较薄，容易干燥，两周以上没有降雨时，需要人工浇水。而 GRS-GCU 组合体自带浇水管，和自动浇水系统联动时，不

GRS-GCU 是将植物和土壤的组合体安装在屋顶的一种新的屋顶绿化系统

雅山医院（成堆铺设型）

雅山医院（组合型）

既有工法与 GRS-GCU 的不同点　　表1

—	铺设型	既有组合工法	GRS-GCU 工法
施工性	较复杂 工期长	与铺设型类似	组合安装方式进行
经济性	人工费、搬运费、缺陷修补费、计量费高	与铺设型类似	可减少人工费、搬运费、计量费维护管理费最小
区别性	受季节、环境、人手熟练程度影响大	与铺设型类似	先栽培后安装，质量保证度高
安全性	坡度较大的屋顶或镀锌薄钢板屋顶绿化受限制	与铺设型类似	安全用材料系统化

需要另外的人力,可以节省时间和费用。

GRS-GCU 组合体是集排水、蓄水、透气、防根茎功能为一体的万能型屋顶绿化容器。降水或浇水时储存水,水量过多时通过溢水控制及时排水。通过透气孔,给植物根茎提供必要的氧气,组合体本身也具有一定的防根茎穿透功能。因此,人力不便于接近的险恶环境中,植物也能健康生长。

3. 斜坡地和风压强度高的地方也能施工

以往绿化工法的弱点之一就是在斜坡屋顶施工。GRS-GCU 组合体系统采取组合体固定在支撑体上,支撑体用高强度胶带与屋顶地面黏结的方法克服上述弱点,在倾斜度 35° 的坡屋顶可以进行绿化作业,黏结力可以抵抗风速 50m/s 以上的台风。组合体内设有阻隔土构造和防尘土飞扬网,可以防止土壤流失和分片堆积。

4. 施工不受季节和天气限制

GRS-GCU 组合体系统是通过先行栽培,绿皮率达到 70% 以上后进行组装施工。也就是植物在组合体内充分生长后施工,因此冬期也可以施工。当支撑体完全黏结在屋顶地面时,雨天也可以进行施工。

三、GRS-GCU 的形状和构造

①边界挡板:具有组合体的补强和阻止组合体内的土壤流动功能。

②支撑体结构:支撑体结构由塞子、扣帽、条形垫片、螺栓等组成,其作用是,搬运组合体时减少挤压等引起的植物损伤,机械搬运时增加施工作业面,维护管理时扣帽充当落脚点。

铺设型系统的施工过程

防水层施工　　排水板施工　　土壤计量

土壤铺设　　种植及整理　　铺设型土壤计量危险性

GRS-GCU 系统的施工过程

边界挡板设置　　黏结塞子　　组合体安装及固定　　结束

降低维护管理费用

灌水一体化的组合体结构　　无须特别的维护,人手难以达到的屋顶空间也能绿化

斜坡地和高风压区可以施工

组合体下部塞子和支撑垫板　　斜坡地施工可能　　高强度胶带　　韩国马事会倾斜屋顶施工实例

部分季节和天气可以施工

使用在农场事先栽培的组合体,冬期施工成为可能

③防飞散网和挂钩构造：防飞散网的作用是刮风时防止植物损毁和助植物生长，组装组合体的同时铺设防飞散网。

④溢水控制构造：这个构造使得水很容易在蓄水槽之间流动，保证各个蓄水槽最大限度地蓄水。

⑤潜流功能：位于组合体内部的潜流空间，把排水和储水功能集为一体，利用蓄水槽蓄水，即便是倾斜屋顶中也尽量保障蓄水量，解决平、坡屋顶绿化中水分不足的弱点。

⑥灌水连接构造：做到一个蓄水槽蓄满水，则溢出来的水径直流向另一个蓄水槽，做到水分的补充、营养的相互供给、微生物的自由移动。

四、GRS-GCU 的系统构造

1. 底部固定用塞子：塞子呈圆锥形，通过铁制垫片固定在屋顶地面，安装时把组合体接受孔对准塞子插入后固定。刮风时，在负压作用下组合体不会移动，在坡屋面也不会向下滑移，扣帽还可以作管理人员维护落脚点。

2. 边界挡板：起保护和支撑组合体外周边的作用，当斜坡屋顶面较大时，使用边界挡板将屋面的作业面分成若干片，防止组合体向下滑动。

3. 铁制条形垫片：作为支撑体的主要部件，起固定塞子、稳定组合体的作用，防止组合体在负压和斜面滑动力作用下脱落。当屋顶平整度较差时，可用垫片进行调整。

五、GRS-GCU 系统的种植

GRS-GCU 系统适合种植多种植物，种植花草类和野花、草坪、小型灌木类植物需要浇水系统，种植草丛

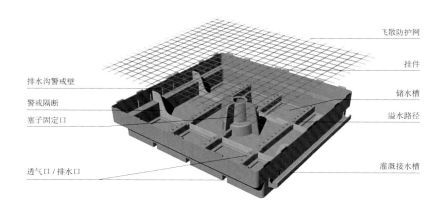

飞散防护网
挂件
排水沟警戒壁
警戒隔断
塞子固定口
储水槽
溢水路径
透气口 / 排水口
灌溉接水槽

塞子扣帽　　　　自流功能　　　　浇水连接构造

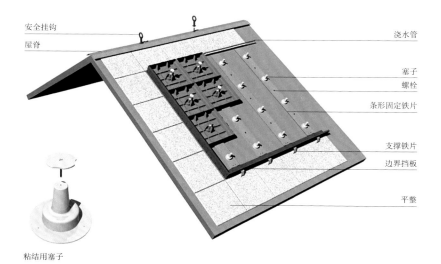

安全挂钩
屋脊
浇水管
塞子
螺栓
条形固定铁片
支撑铁片
边界挡板
平整

粘结用塞子

支撑铁片和边界挡板

塞子和组合体连接

釜山外国人学校，坡屋顶

松道，延世大学，组合体绿化与光伏板

釜山，洋市海上大厦绿化

（景天）类植物无须浇水设施。草丛（景天）类植物为多肉质属性，水分储存力强，矮小，耐旱性强，恶劣的环境下也能存活。草丛类植物大多 3~10cm 长，根茎为 3~5cm 左右。

GRS-GCU 低管理轻量型系统概要　　　　表 2

系统名称	GRS-GCU(Green Roof System-Gound Cover Uint)
植物	草丛（景天），草坪，花草
性能	组合件，高层，保护，排水空间
固定装置	Pop-Tape, Cone, Cone Fix Board
植物土壤	K-Soil
排水基层	储水 / 排水一体化
防根茎层	Root Guard™
境界材料	Pop-Wall, Pop-Angel, Pop-Joint
表面覆盖	Pop-Con（火山石、黑云母等）
防飞散	Pop-Net
灌溉	小型灌木、野生花草、草坪等时，必须浇水
系统重量	略微干燥时（60kg/m²），湿润时（80kg/m²）
系统厚度	约 80mm
初期绿皮率	70%
适用坡度	0°~35°

A.R.T 绿化系统
低管理轻量型无土屋顶绿化系统

资料提供 | 韩国CCR（株）

一、A.R.T 绿化系统的特点

①适合各种人工基层（平屋顶、坡屋顶、圆形穹顶）。

②适合各种基层材料（混凝土、金属、木材、保温材料）。

③适合既有建筑、新建建筑等各种建筑类型。

④屋顶绿化的所有要素（隔热、防水、供水、排水、土壤、种植）一体化施工。

二、A.R.T 绿化系统的优点

①取用自然雨水，无须人工浇水。

②设置储排水隔热板，保护保温和防水层，保温效果好。

③可在最低土层厚度（10cm）上种植。

④没有防水找平层，降低荷重。

⑤维护管理费用很小。

⑥利用自然火山石覆盖层，具有防止土壤飞散、雨水防止功能。

三、A.R.T 储排水用隔热板

A.R.T 储排水用隔热板是压缩成型的高密度聚乙烯板，具有储存水和排除水的

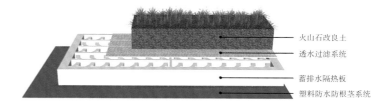

火山石改良土
透水过滤系统
蓄排水隔热板
塑料防水防根茎系统

适合各种形式的屋顶，适合韩国气候条件的低管理轻量型无土屋顶绿化系统

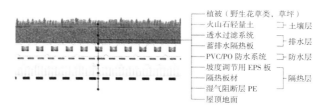

植被（野生花草类，草坪）
火山石轻量土 ┐土壤层
透水过滤系统 ┘
蓄排水隔热板 ┐排水层
PVC/PO 防水系统 ┐防水层
坡度调节用 EPS 板 ┐
隔热板材 ├隔热层
湿气阻断层 PE ┘
屋顶地面

平屋顶（轻量型）

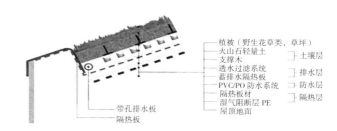

植被（野生花草类，草坪）
火山石轻量土 ┐土壤层
支撑木 ┘
透水过滤系统 ┐排水层
蓄排水隔热板 ┘
PVC/PO 防水系统 ┐防水层
隔热板材 ┐隔热层
湿气阻断层 PE ┘
屋顶地面
带孔排水板
隔热板

坡屋顶（轻量型）

功能。蓄水槽为植物提供水分，雨量过多时，通过后侧的排水系统排出，经隔热板下部的排水沟流向排水管。隔热效果卓越，还可以防止防水层的机械性、物理性损伤。产品的特点和优点如下。

1. 特点

①规格：1000×500×62（平屋顶用）。

1000×500×80（坡屋顶用）。

②相对密度：0.03。

③蓄水量：最低16L/m²（平屋顶）、20L/m²（坡屋顶）。

④排水系统：符合DIN4095规格。

2. 优点

①超轻质隔热材料，保温和隔热效果卓越。

②属于柔性材料，适合保护防水层。

③蓄水率较高（16L/m²），无须人工浇水。

④冬季在蓄排水板下不发生冷气流动，防止植物冻害。

⑤蓄排水板下部设置排水径路，易于排水。

四、A.R.T绿化系统火山石改良土

火山石改良土是A.R.T绿化系统开发的专用土壤，目的是保证土壤性能的前提下，最大限度地减少土层厚度。采用的材料是自然火山石，不是人工石。

将自然火山石分类，均匀粉碎，混合植物所需最低限度的多种有机物，组成有、无机混合物。保持火山石固有的水铝英石特性，综合配置保湿性、飞散防止、排水性（垂直和水平）、透气性、保肥力、耐下陷性等要素，选择黑色覆盖层，具备人工基层绿化所需优秀性能。

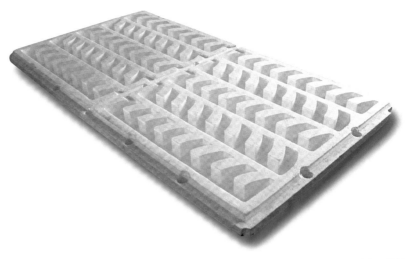

A.R.T 蓄排水隔热板

高丽大学法学院新馆（2004年），面积：562m²，类型：重量型

特点

①种植野生花草类所需土层厚度最小（8~10cm）。

②具有合适的相对密度（相对密度：0.85~0.9，饱和状态时为1），无须担心土壤飞散或者分堆。

③不发生土壤固化，无须翻耕。

④表皮不收缩。

⑤铲除杂草时，不会伤及轻量土。

⑥始终保有适当的有机成分，不会轻易被雨水冲洗掉（火山石和有机质比例：70：30）。

⑦pH值呈活性值（弱碱性）。

⑧与普通土壤相比，蓄水量多，供水时间很长。

⑨保肥性出色，无须其他人工施肥。

⑩表面颜色呈柔和黑色，增添屋顶庭院的自然美。

韩国化学实验研究院（2003年），面积：603m²，类型：重量型

东国大学万海馆（2008年），面积：2832m²，类型：重量型/轻量型

合围广播局（2008 年），面积：665.06m²，类型：混合型

首尔市政开发研究院（2009 年），面积：446m²，类型：重量型

绿色雨水模块系统
运用蓄水·植物板块的雨水储存型屋顶绿化系统

资料提供｜韩设绿色

一、主要特点

①模块化屋顶绿化

屋顶绿化模块采用聚乙烯材料，大小为 $500mm \times 500mm \times T100mm$，将事先培育好的植物模块搬运到屋顶组装，施工简便，易于维护管理。

②储存和使用雨水

当使用蓄水板块时，水量可达 $80L/m^2$，可在旱季长时间供应水。

③隔热采用双层构造，隔热效果好

当采用雨水蓄水板块构成雨水层和空气层时，节能效果显著。

二、期望效果

①经济效果

属于雨水利用型，维护费用降低，由于隔热性能优越，节能效果好，大大改善城市环境。

②简便性

由于是模块化，施工简便，建筑物的负担小，便于局部维修和替换。

③低管理型系统

由于存有雨水，最长两周无须浇水，完全可以成为低管理型屋顶绿化系统。

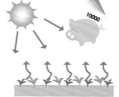

经济效果

模块活用

每年两次

低管理型

雨水储存

④雨水储存效果

绿色雨水模块系统最大可以储存 120L/m² ，用作植物供应和降低屋顶温度。

三、产品构成

①蓄水板块

蓄水板块是高强度聚乙烯放射孔状模块，可以将储存的雨水通过放射孔输送到上部。

②植物板块

植物板块是高强度聚乙烯放射孔状模块，防止植材基层流失，帮助植物生长发育。

③雨水引导组件

雨水引导组件由 A.S.A 材料制作，是植物板块和蓄水板块的连接部件。

④雨水扣件

雨水扣件是高强度聚乙烯材料制作，作用是连接植物板排水口，阻止植物土壤流失，雨水通过放射孔

蓄水板块　　　　植物板块　　　　雨水扣件

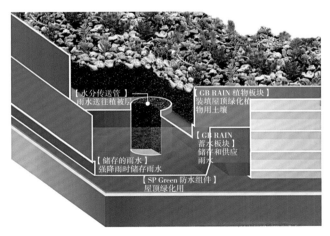

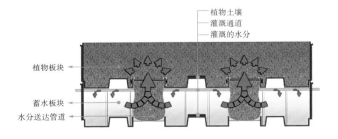

输送时的连接口。

⑤点式浇水管

模块系统内设喷嘴，必要时可以施肥或供应药剂。

⑥自动浇水系统

设有自动操作系统和阀门，可以进行适时、适量的浇水。

⑦植物土壤

采用适宜植物的土壤（或者人工土壤），要与园艺沃土和有机肥料混合使用，确保植物健康生长。

⑧植物选择

原则上种植常绿性草丛堆（景天）、草坪、花草类植物，要设置点式浇水设施，保证植物的生长发育。

四、细部技术

雨水储存屋顶绿化系统是在屋顶防水层上布置蓄水板块和植物板块，植物板块取用后的雨水流到蓄水板块保存，在旱季等植物需要水分时，通过水分传送管径，向上输送雨水。这种细部技术，使反复持续性的雨水供应成为可能。

五、对比试验

1.储流型屋顶绿化系统中草坪生长研究

绿色雨水模块和单层屋顶绿化中，草坪的对比试验和结果分析。

2.实验区组成

模块布置　　　　　　　　　土壤铺设

设置土壤水分传感器　　　　草坪植材

3. 不同月份草坪生长状态

第一次反复
第二次反复

2008 年 6 月 4 日   2008 年 7 月 18 日   2008 年 8 月 14 日   2008 年 9 月 17 日

4. 试验结果

①草坪的日土壤水分变化（2008 年 8 月 1 日~2008 年 8 月 13 日）

—— 约 10 天连续没有降雨

—— 单层型：降雨停止，第二天开始持续减少

—— 储流型：30% 的水分保持 7 天后开始减少

②草坪的月土壤水分变化（2008 年 6~9 月）

—— 6~9 月整体上储流型水分含量高

—— 除 7 月（降雨量多）外，两种类型的统计数差别较大

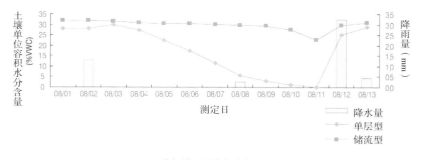

草坪的日土壤水分变化

—	6 月	7 月	8 月	9 月
单层型	28.84	28.41	26.19	17.63
储流型	34.46	31.98	28.99	29.40
T	−2.219*	−1.539	−2.486	−2.613
P^*	0.048	0.152	0.030*	0.024*

草坪的月土壤水分变化 $P^* \leqslant 0.05$

③在植物板块上装填植物土壤。

④设置点式浇水管线。

⑤用雨水引导组件连接绿色雨水模块。

⑥根据屋顶绿化管理水平，选择适当的植物。

⑦种植植物后立即充分浇水，有利于植物初期快速生长。

⑧布置表面覆盖层。

⑨绿化系统完工后，设置莲花池或木质平台等。

六、施工方法

①根据设定面积，布置绿色雨水模块系统的蓄水板块。

②在蓄水板上布置植物板块和水分送达管径。

七、施工过程

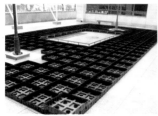

铺设蓄水板块

铺设植物板块

铺设人工土壤

设置点式浇水管线

用雨水引导组件固定

植物种植

种植后浇水

铺设表面覆盖材料

模块布置完成

设置排水沟

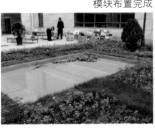

中央莲花池组成

制作木质跨桥

八、施工案例

比比安大厦屋顶公园 | 首尔龙山区西冰库洞 | 面积 610m² | 竣工：2008 年 9 月

庆源大学国际语言学院中庭 | 京畿道城南市水晶区福庭洞 | 面积 75m² | 竣工：2008 年 9 月

友利银行昌信洞支行 | 首尔市钟路区昌信 2 洞 | 面积 188.5m² | 竣工：2009 年 3 月

汉水屋顶绿化系统

草丛堆空气层隔热系统施工法和草丛堆（景天）屋顶绿化系统

资料提供｜汉水 GREEN TEC（株）

一、概要

随着城市化的不断扩大，绿地不断被侵占，城市中心建筑所占的面积比例也在扩大。带来的结果是，城市越来越变成灰色，城市的美观受到严重破坏。混凝土加速了地球的温室效应，从空中俯瞰，到了一个除了密密麻麻难看的建筑屋顶以外，看不着其他的境地。

1980 年以来，恢复城市美观，主张屋顶绿化的声音逐渐增多，在若干大楼的屋顶上也尝试过绿化事业，由于对屋顶绿化的认识不足，直到现在始终停滞不前，有名无实。

屋顶绿化中，尤其需要注意的事项如下：第一是在屋顶不能附加过大的荷重。第二是在屋顶避免种植过高的乔木类植物。基于上述注意事项，汉水绿色技术开发出四季均能实施的屋顶绿化技术。核心内容是，把地被植物之一的草丛堆（景天）划分成土层深度 8cm 左右的若干片排列种植。

二、施工原理

本系统属于轻量型屋顶绿化施工法，对建筑物附加的荷重小，施工和管理费用小。不需要经常性的浇水、施肥、修剪等维护管理，只需每年 1~2 次维护即可。

这种绿化系统要求植物具有在极端自然条件下存活的能力，必须耐干旱、耐严寒。为此，一般选择苔藓类、多肉质性草丛堆（景天）类、特选草坪类等植物。

本施工法的突出特点是强降雨导致积水深度超过 5cm 时，通过排水孔，能够自然排出雨水。

首尔高等检察厅屋顶绿化事业

三、效果

①节约能源：阻断外部温度，防止热量损失。

②解决地球温室效应：抑制屋顶表面温度上升，保护臭氧层。

③维持城市湿度：蒸发的水蒸气，经过自然循环，形成降雨。

④提供新鲜空气：确保植物生长发育所需面积。

⑤屋顶耐久性：布置草丛堆（景天）类屋顶绿化的屋顶和普通屋顶相比，其耐久性提高3倍。

⑥美化城市景观：给荒凉的城市提供花草和绿色环境。

⑦维护管理简便：草丛堆（景天）类非常适合在屋顶环境条件下生长，低管理成为可能。

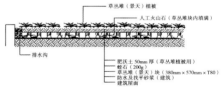

屋顶绿化系统施工剖面图（草丛堆（景天）屋顶绿化系统）

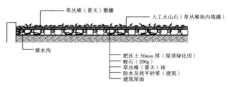

屋顶绿化系统施工剖面图（剪断草丛堆（景天）散播）

四、应用范围

①住宅屋顶绿化。

②公共建筑以及地下车库屋顶绿化。

③部分屋顶绿化（住宅、公共建筑、工厂等）。

草丛堆（景天）块

五、施工以及草丛堆种植

1. 屋顶绿化草丛堆块

①材质：高密度聚乙烯（HD-PE）。

②规格：570mm×380mm×T80，4.6EA/m²，1.1kg/EA（5.06kg/m²）。

③特点：制作很适合草丛类植物生长，旱季的水储存量达到8cm高土层的5cm高左右，保障植物生长。

④运输：运输和取用时尽量避免受到损伤，不能直接使用受到损伤或者其他缺陷的草丛堆块。

2. 施工

草丛堆屋顶绿化施工有两种方法，一种是设置空气层提高隔热效果的草丛堆空气层隔热系统施工法，另外一种是只设置草丛堆块的草丛堆屋顶绿化施工法。施工顺序分别如下。

（1）草丛堆空气层隔热系统

①屋顶每间隔300mm布置条形材料，后铺设80mm厚隔热材料。

②隔热层上部设置空气层，空间面积很大，必要时附设换气口。

③空气层上做防水组件。

④防水组件上布置尺寸为570mm×380mm×T80的高密度聚乙烯草丛堆块，块内填入80mm厚的人工火山石，上铺蛭石。

⑤蛭石上铺50~80mm厚的肥沃土。按照50棵/m²的比例种植草堆或者以0.2kg/m²的比例，按照一定间隔散播剪断的草片。

（2）草丛堆屋顶绿化系统

①屋顶铺设找平砂浆。

②做防水组件，上铺蛭石保护防水组件。

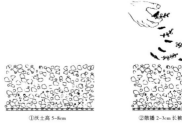    

①沃土高5~8cm ②散播2~3cm长被剪断草丛200g/m² ③草丛散播后覆土 ④草丛散播后充分浇水 ⑤完工后

草丛堆修剪施工方法

龙山区政府屋顶绿化

首尔动画中心屋顶公园化事业

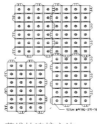
草堆块连接方法

③其上布置尺寸为 570mm×380mm×T80mm 的高密度聚乙烯草丛堆块，块内填入 80mm 厚的人工火山石，上铺蛭石。

④蛭石上铺 50~80mm 厚的肥沃土。按照 50 棵 /m² 的比例种植草堆或者以 0.2kg/m² 的比例，按照一定间隔散播剪断的草片。

⑤沿着房檐或者屋顶四周，以排水口为基点，铺设宽为 300~ 500mm 的鹅卵石组成鹅卵石排水路，鹅卵石的高度与草丛堆屋顶绿化系统高度一致。

3. 草堆种植注意事项

①仅适用于屋顶绿化草堆工程。

②以把剪断成 2~3cm 长的 9 种不同草类（0.2kg/m²）混合播撒为原则。

③混合播撒时，保证每平方米 0.2 棵 *Sedum telephium* 'Herbsfreude' 草和 0.5 棵野韭菜。

④屋顶绿化常用的草堆类和种植时机参照表 1 和表 2。

4. 种植后管理

一般不需要特别管理，种植初期为了植物的完全生长，需要浇水。

屋顶绿化常用草丛类				表 1
草类名称（学名）	草长（cm）	花颜色	叶子颜色	备注
Sedum album	3~5	浅粉红色	绿色	冬季常绿
Sedum kamtschatikum 'diffusum'	10	黄色	绿色	冬季常绿
Sedum kamtschatikum	15~30	黄色	绿色	冬季枯死，再生类
Sedum reflexum	6~8	黄色	绿色	冬季常绿
Sedum rupestre	2~5	黄色	青绿色	冬季常绿
Sedum spurium	5~15	红色	绿色	常绿，耐阴
Sedum sexangulare-g-m	3~5	黄色	黄绿色	耐力强
Sedum telephium 'Herbsfreude'	40~60	红色	浅绿色	冬季枯死
Sedum acre	1~3	黄色	绿色	生长力强，可混种

宗贤建筑屋顶绿化

一山 斗山 weev pent 杨屋顶绿化

首尔综合职业专门学校屋顶绿化

①点栽培：种植后充分浇水，日后不需要再浇水。

②散栽培：种植后充分浇水，干旱严重时多次浇水。

草堆类种植时机 表2

划分	规格	植被间距	种植量（m²）	种植时机	备注
点栽培	3寸	20cm	50株	4~11月	种植后浇一次水
散栽培	2~3cm	散播	0.2kg	4~10月	初期完全生长为止浇水

5. 草丛堆管理指南

草丛生存力顽强，通常不需要管理，为了确保植物健康生长，在初期或者发生病虫害时，需要一定的管理作业。

草丛堆管理指南 表3

管理区分	管理时机	次数	管理方法	备注
浇水	种植初期	一次		
施药	病虫害发生时	发生时	适当防病虫害药剂，喷洒	青虫，蚜虫
施肥	5月初/1~2年	一次	有机质肥料散播（10g/m²）	也可不施肥
平整/修剪	—	—	无平整，无修剪	

可种植草丛堆类

草类名称（学名）	照片	草长（cm）	花颜色	叶子颜色	备注	草类名称（学名）	照片	草长（cm）	花颜色	叶子颜色	备注
Sedum album		3~5	浅粉红色	绿色	冬季常绿	*Sedum spurium*		5~15	红色	绿色	常绿
Sedum album 'Coral Carpet'		1~3	浅粉红色	红色	冬季常绿	*Sedum spurium* 'Fuldaglut'		8~10	暗红色	绿色	常绿
Sedum kamtschatikum		15~30	黄色	绿色	冬季枯死，再生类	*Sedum telephium* 'Herbsfreude'		40~60	红色	浅绿色	冬季枯死，花很美
Sedum reflexum		6~8	黄色	绿色	冬季常绿	*Sedum aizoon*		30~40	黄色	绿色	冬季枯死，花很美
Sedum rupestre		2~5	金黄色	青绿色	常绿	*Sedum acre*		1~3	黄色	绿色	生长力强，常绿，混种时夏季一定程度生长

屋顶造景用培育土，生园精

使用环保材料，环境改善效果显著

资料提供｜（株）大地开发

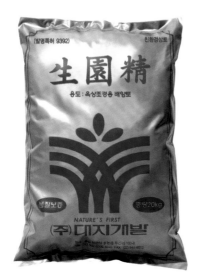

与其他产品效果对比

主要项目	生园精	其他产品
主要原料	泥炭、焦炭粉、沸石、珍珠岩、黄土火山石、保湿剂、活性微生物等	树皮、黄土、活性无机矿物质、天然有机物
养分持续时间	最小 8~10 年	最小 2~3 年
环境改善效果	活性微生物净化水和空气，除味，土壤环境得到缓冲，中和酸性	中
减少缺陷发生	提供特殊生理物质，促进根茎发育，植物持续生长，减少管理费用	中

一、主要原料

生园精由泥炭、焦炭粉、沸石、珍珠岩、黄土、腐蚀土、保湿剂、活性微生物等环保材料组成。

二、用途

—— 屋顶造景用培育土／屋顶造景农场用培育土。

—— 花草类及地被植物：瓦莲花、蒲公英、矮溪苏、韩国草坪类。

—— 灌木：山郑蜀类、黄杨木类、冬青树、无穷花等。

—— 乔木：枫树、檀香树、海松、榧子树等。

三、效果

—— 植物生长持续化：腐蚀土、无机养分、微量元素、氨基酸、维生素、微生物。

—— 改善土壤物理性：形成单粒结构，增强保肥能力、保水能力、透水能力、透气性。

—— 改善土壤化学性：保肥能力高，可持续利用养分；缓冲能力强，可

使用生园精的屋顶绿化空间

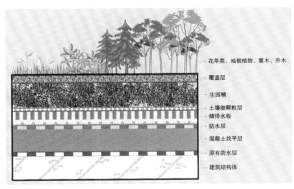

植材模式图

调节 pH 值；相克作用明显，植物生长稳定。

—— 改善不良环境：有益微生物和相克微生物存在，有效防治病虫害，有效净化水和空气。

四、使用方法

—— 第一步完成结构体、隔热层、防水、防根茎层等功能部分。

—— 第二步完成排水层、土壤过滤层等植被基层。

—— 第三步铺设生园精，形成土壤培育层。

—— 慎重把握建筑允许荷重，根据土层厚度种植适宜的花草类、地被植物、乔灌木、农场栽培植物等。

屋顶绿化不同植物所需土层厚度

树种	花草类／地皮类	小型灌木	大型灌木	乔木
土层厚度	10cm	20cm	30cm	60cm

屋顶和墙体绿化用 SB 花坛

通过板和块的结合，简单快捷地实施绿化事业

资料提供 | 三佛建设

一、概要

SB 花坛是韩国内（2002 年）、韩国外（2009 年）专利特许产品，广泛使用在室内外墙面（墙面、墙脚）、内墙、阳台、告示板等处的绿化事业。SB 花坛把纯自然功能引入城市中间，具有以下优点：

—— 吸收二氧化碳，生产氧气，净化空气。

—— 植物细胞的湿度调节。

—— 净化有害物质，改善环境。

—— 降低能源费用，提高经济性。

—— 美丽植物改善景观。

—— 了解植物，丰富教育内涵。

二、产品组成

①块

——单板块、双板块组合、四板块组合等平面布置方式，有四种大小尺寸，无须特别的工具，易于拆装，施工便利。

—— 可以直接使用农场运来的在黑色塑料块中栽培的植物。

—— 生手也可以实施无损伤根茎栽培工作，布置丰富多样，降低加工费。

—— 适用不同大小规模的绿化，可以集约型生产，配送和布置无须专业人员。

②板

—— 底板和供水管成一体，呈块形态结合构造，根据大小和形态可自由组合。

—— 完全是成品，可缩短施工工期，和供水管成一体，具备供给水分能力。

③供水控制装置

——自开发无动力自动控制感应系统。

塑料块和植物

板

——设有强降雪感应装置，感应超过 20 分钟，自动停止供水。

——3℃以下，自动停止供水和自动开启强制排水，预防植物冻害。

三、特点

①无动力自动灌水

—— 解决水管理的难题。

②简便的塑料块替换

—— 容易实施不同季节、不同植物的替换，自由布置绿色景观。

③可以直接使用农场运来的在黑色塑料块中栽培的植物。

—— 生手也可以实施无损伤根茎栽培工作,无须分拣过程,被替换植物容易成活。

④模块化的产品

—— 适用各种规模的绿化,可以劳动集约型生产,配送和布置无需专业人员。

⑤事后管理简便

—— 改变布置和树种简单,替换植物容易成活。

⑥展望普及

—— 立面绿化纳入绿地率认定范围(首尔市规定,立面绿化按照平面绿地面积的30%计入建筑绿地率认定范围),与政府的绿化鼓励政策相呼应,立面绿化将进入快速发展进程。

—— 建议条例修改时,对符合绿地率条件的开发项目,适当奖励建筑容积率,引导开发商自行判断,提高对立面绿化的兴趣。这样,没有政府基金的援助,也能美化城市景观,大幅改善城市环境。

⑦国际上专利特许产品

—— 2002年获得韩国国内专利特许,产品地位大大提高,在市场占据有利地位。

—— 2009年澳大利亚PCT的20个专利申请审理项中,全部获得一次性通过。

| 布置7天后 | 布置14天后 |

四、获奖案例和施工业绩

①获奖案例

—— 2009大韩民国健康住宅大奖(韩国环境产业技术院)

—— 2009首尔国际发明展金奖(韩国发明振兴会)

—— 2009大韩民国发明特许大展铜奖(韩国女性发明协会)

②施工业绩

—— 环境部、首尔中区区府大楼、韩国土地公社共同实行城市生态恢复援助事业(2009年8月~12月)

—— 大田广驿市柳城区柳城图书馆墙面(2009年4月~5月)

—— 大田广驿市全国体育大会广告壁(2009年9月~10月)

—— 花坛B/D建筑内、外装施工(2010年4月~10月)

| 布置前全景照片 | 布置后全景照片 |

| 布置后 | 布置7天后 |

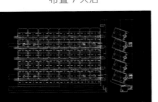

| POT设计图 | 立面型板块结合图 |

| 布置前 | 布置后 |

| 屋顶造景墙体绿化 | 灌水控制装置 |

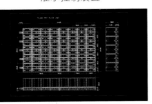

| 平面型板块设计图 | 平面型板块结合图 |

GREEN

第三章　屋顶绿化典型案例

日本屋顶绿化典型案例 / 韩奎熙（Han, Kyu Hi）

韩国首尔市屋顶绿化典型案例 / 尹世亨（Yoon, Se Hyoung）

韩国京畿道屋顶绿化典型案例 / 吴江任（Oh, Kang Im）

ROOF

本章屋顶绿化典型案例介绍，收录日本、韩国首尔市和京畿道各 10 项屋顶绿化实例，供规划屋顶绿化的人士参考。

日本案例部分，得到城市绿化技术开发机构韩奎熙研究员的大力协助，收录的作品均获得绿化技术开发机构主办的"屋顶／墙面特殊绿化技术奖"。该奖项到 2010 年是第九次举办，得到日本国土交通省、环境省、东京都、日本经济新闻社的支持。

首尔市案例部分，在首尔特别市绿色城市局造景课从事屋顶公园化事业的尹世亨推荐了 10 项具有特色的屋顶绿化实例。

京畿道案例部分，是由京畿农林振兴财团绿化事业部门吴江任课长在接受援助事业的项目中，挑选 10 项并推荐给本书。

希望本书收集的案例，对具体规划屋顶绿化的人士提供帮助。

日本屋顶绿化典型案例

资料提供 | 韩奎熙　城市绿化技术开发机构研究员

一、东京中心奥巴鲁庭院

位置：日本 东京都 新宿区
获奖：2009屋顶绿化部分，国土交通相奖
获奖者：野村不动产（株），三井不动产（株），三菱支所（株），
　　　　（株）大林组，三菱支所（株）设计，伊比殿绿色技术（株）

　　东京中心奥巴鲁庭院位于东京都新宿区，城中心塔楼公寓内停车楼屋顶，面积为 $1340m^2$，是居住者专用屋顶庭院。庭院分为管理庭院和聚会庭院，设有会所，会所内设置管理办公室和厨房，庭院出入简便，视觉效果出色。管理庭院设置草坪广场和沙堆等游玩设施，有演示四季的造景喷水，有圣诞用枞树、儿童秋千用橡树等适合各种聚会的树木。聚会庭院设有台椅、炉灶、室外洗涤池，还种植有蔬菜，不仅提升景观，而且凸显对居住者生活的细心关怀。使用轻量型土壤，确保乔木根茎所需深度，利用人工基层地下支撑体承受风压，根据植物特性实施相应的维护管理，采用高水平的绿化技术和高质量的维护管理。把屋顶庭院作为幼儿和居住者的聚会交流场所，这种设计理念是一种新的生活诱导，得到很高的评价。

二、普连土学院 120 周年纪念馆

位置：日本 东京都 港区

获奖：2009 墙面・特殊绿化部分，环境相奖

获奖者：学校法人 普连土学院，（株）山下设计，海螺・联合体

普连土学院 120 周年纪念馆位于东京都港区，是私立初级、高级学校的一所建筑物。建筑物绿化内容丰富，屋顶、阳台、挑檐、内庭、墙面等都作为绿化对象。重视学生的个性和对话，选择 150 种以上植物种类，把握花和叶子的形状、色彩、香气特点，实施调和的植材规划。重视区域之间的相互联系，缓解高墙的压迫感，运用绿化手段将高墙分为两层，分别种植多彩、绿色丰富的植物。在阳台的外挑檐种植石楠属植物，做到排雨水和墙面绿色欣赏兼顾，建筑和绿化巧妙地融合在一起。在屋顶、阳台、内庭等处均设置雨水储存池，可以自动浇水，通过学生和学校管理者的精心维护和管理，绿化始终维持很高的质量。

把绿地作为教育环境基础，通过绿化勾画教育方针和学院哲学，为提高地域景观环境作贡献。这种设计理念必将引导学校的绿化事业，值得借鉴。

三、深大寺共同住宅　无糟粕野屋顶花园

位置：日本 东京都 调步市
获奖：2009 屋顶绿化部分，环境相奖
获奖者：综合支所（株），三井不动产（株），
　　　　（株）新日本建物，（株）驰越会社，（株）细部 造园

　　深大寺共同住宅 无糟粕野屋顶花园位于东京都町步市，共同住宅内停车楼屋顶，面积为1350m²，是居住者专用屋顶庭院。屋顶庭院以地域风光和自然环境的融合为目标，使用当地的荆棘树和枫树为主的多种灌木和花草，完工后即可达到很高的绿化率。利用瓦片和鹅卵石铺成庭院路，布置水盘等设施物，充分展现从前的无糟粕野水岸屋和绿地风光。作为庭院象征的草丛庵，布置欣赏庭院的日式房间，用作居住者的交流场所。雨水的排放设计也很独特，庭院路、平台的高度和植被基层高度非常协调，做到雨水一律从庭院路和平台下部流走，流到庭院路端头的绿地周边，周边设有混凝土抽水池，排水系统非常完备。

四、东京穹顶城 MEETS PORT

位置：日本 东京都 文京区
获奖：2009 屋顶绿化部分，日本经济新闻社长奖
获奖者：（株）东京穹顶，（株）竹中工务店，太阳体育设施（株）

东京穹顶城 MEETS PORT 是综合商业设施屋顶绿化项目，列入城市公园绿化规划。该项目共种植 290 余棵乔木，树的下端进行人性化的修整，使人能够近距离在树下散步，享受绿色。树种在苗圃采取盆栽的形式培育两年，阻止树根向下扩张，使树根横向生长，移栽到屋顶较薄土层时也能适应，以期达到降低屋顶荷重的目的。选择的土壤硬度较大，防止踏压造成土壤空隙率的减小。树木的支撑结构均设置在地下，与各种管线和钢丝网统一考虑，构建了树木高度达到 6~10m 的绿荫葱葱的公园广场。乔木栽培技术的探讨和措施，专业绿地管理人员的定期巡回检查和维护管理，使得城市中心商业设施的屋顶成为新的交流场所。

五、邮便船大厦屋顶庭院

位置：日本 东京都 千代田区
获奖：2009 屋顶绿化部分，城市绿化技术开发机构理事长奖
获奖者：日本邮船（株），邮船不动产（株），
　　　　（株）马自达平田设计，（株）绿地设计，
　　　　藤田建设（株）东京支店，（株）日比野 阿莫尼斯

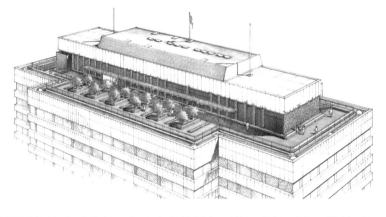

　　邮便船大厦屋顶庭院是在既有 16 层高层建筑屋顶上，仿造旅客车站站台的屋顶庭院。为了降低屋顶荷载，拆除了混凝土保护层，移除屋顶部分设施，移除荷载总计 $200kg/m^2$。在擦窗机轨道中间种植混合型草丛堆，用 12 种藤蔓植物覆盖铁质百叶窗，实现丰富的绿色覆盖。在屋顶表面粘结耐根茎组件，以弥补去除混凝土保护层带来的漏水疑虑。在植被基层设置防根茎系统和储排水板，略微提高台地和土壤覆盖层，防止植被基层的飞散。本案例的特点是，在既有高层，制约因素较多的情况下，实施适合的绿化技术，增加绿化面积的同时，种植蔬菜和果树，造就了欢快的绿色空间。

六、新丸之内大厦屋顶绿化

位置：日本 东京都 千代田区
获奖：2009屋顶绿化部分，审查委员会特别奖
获奖者：三菱支所（株），（株）三菱支所设计，（株）竹中工务店

新丸之内大厦屋顶绿化是在六、七层裙楼开放阳台面积总计596m² 以及主楼第三十四层缩进层屋顶面积总计322m² 上实施的绿化项目。由于大厦面对东京火车站丸之内出入口，为了提高城市景观效果，考虑地面高度视觉性，在裙楼顶部层以种植树木为主，七层兼作餐厅室外休闲空间，可以眺望皇宫、东京火车站。第三十四层缩进层属于超高层，离地面高度较高，屋顶绿化考虑的主要因素是风的影响。经过风洞、根茎抗拔等多次试验，选择基层与植被为一体的植材系统，确保绿化的安全。裙楼顶部层绿化兼顾城市绿化与大厦商业利用，经过缜密的技术试验和研讨，实现超高层屋顶绿化，对城市景观的关怀等受到广泛好评。

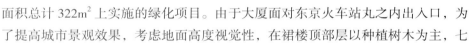

七、艾尔达利庭院·屋顶疗养田野

位置：日本 德岛县 德岛市
获奖：2009 屋顶绿化部分，审查委员会特别奖
获奖者：医疗法人德松会老年人保健设施 艾尔达利庭院

艾尔达利庭院·屋顶疗养田野是在既有老年人保健设施屋顶实施的屋顶庭院，面积为 $121m^2$。要求荷重不超过 $60kg/m^2$，采用轻量型立体生态组合，植被基层有一定倾斜度，表现森林深处的水流和瀑布，坐在轮椅上也能欣赏，充分考虑老年人的舒适和平稳。种植高氧量扁柏和侧柏、蔬菜和释放香气的花草，达到气味疗法的效果。轮椅的方便推动、可进行屋外诊疗的棚架设计、通过医学临床试验确定屋顶庭院中人的生理性安定状态等，充分体现人性化的设计。尽管规模小，荷重也受到限制，但是屋顶庭院设计非常成功。对今后的老年人保健设施治疗与绿化相结合的屋顶绿化，具有很高的参考意义。

八、东品川屋顶庭院

位置：日本 东京都 品川区
获奖：2008 屋顶绿化部分，环境相奖
获奖者：静中工业（株）东京支店，（株）日比野 阿莫尼斯

东品川屋顶庭院是东京都市政局泵站屋顶实施的绿化项目，面积为 4664m²，与东品川海上公园融为一体，作为公园的组成部分向居民开放。二层屋顶由杂木林、葫芦莲花池等生物栖息地生态系统和日式庭院组成，三层由英式庭院和草坪广场组成。规划初期缜密研讨荷重条件，确定土层厚度 700mm，种植 375 棵乔木，莲花池底采用土壤构成亲自然生态莲池。英式庭院的设计也没有受到荷重的影响，设计师的设计意图如愿以偿地得以实现。专业管理员常驻庭院，庭院始终处于良好的维护状态，英式庭院的一部分空间由志愿者在管理员的指导下进行维护管理。本案例的特点就是，把大面积的屋顶空间设计成绿色庭院，在绿地不足的都市中心完成杂木林、葫芦莲花池等生物栖息地生态系统，为市民提供接近自然的宝贵空间。

九、爱尔兰城 中央公园 "GREERING GREERING"

位置：日本 福冈县 福冈市
获奖：2008 屋顶绿化部分，国土交通相奖
获奖者：福冈市，（株）综合设计研究所九州事务所
　　　　（株）伊东丰雄建筑设计事务所

位于博多湾人工岛的爱尔兰城中央公园 "GREERING GREERING" 屋顶绿化，是以"花和草的山丘"为主题，把地面和屋顶连接在一起，把室外绿化和室内连接在一起的大型绿化事业，总面积为 4560m²。把发泡聚苯乙烯类用强力双面胶粘结在曲面屋顶，以稳定屋顶防水层。利用提防组块稳定土壤基层，土层表面作覆盖处理，防止土壤被雨水冲刷。采用渗透型快速排水板解决雨水的局部滞留，运用最新绿化方法，实现了高水平的屋顶绿化设计和施工。自动浇水系统优先使用蓄水池的雨水，不足的部分再使用中水，做到了节约用水和降低维护管理费用，被誉为环境再生事业先导者。

十、城市菜园"阿格里斯　清净"

位置：日本 东京都 世田谷区
获奖：2008 屋顶绿化部分，国土交通相奖
获奖者：（株）小田急田园

城市菜园"阿格里斯　清净"是实施小田急城铁复线工程时伴生的，把地铁上部一部分区域改造成人工基层菜园的绿化事业。面积为 5103m²，采用会员制管理模式。管理者常驻在现场，各种农机具和农用肥料完备，到 2008 年 9 月总共招募 116318 名会员。采用蔬菜专用轻量型土壤，全方位设置储排水设施，土壤下部埋设排水管网，管网终端设置检查口，随时可以解决人工基层的排水问题。本案例位于清净的居住区，整洁的菜园加上菜园周边的花草花坛以及整齐排放的农机具，为区域景观添上一幅美丽的风景。把城市铁路交通用地改造成绿油油的田园菜地，为城市绿化开辟了又一个开发目的地。

韩国首尔市屋顶绿化典型案例

资料提供｜尹世亨　首尔特别市绿色城市局造景课

一、老原消防署

位置：首尔特别市 芦原区 下溪洞 251-14
开发：首尔特别市 东部绿色城市事业所
设计：汉水 GREEN TEC（株）
施工：中央绿色世界（株），汉水 GREEN TEC（株）
面积：1155m²

老原消防署屋顶庭院是以建设休闲和亲环境空间为目标，由轻量型和混合型组成。二层和三层以轻量型的草丛堆和花草类为主，作为休闲空间，四层种植松树、山楂树、檀香树、荆棘类等乔灌木和地被植物，布置凉亭、椅子等设施。直线和弯曲的步道有机地结合，可以悠闲漫步、休闲。丰富的树种引来鸟类和昆虫，成了生物的栖息地，可让人们近距离观察环境。树上支有支撑架以防树木被风吹倒，设置排水板和检查口便于及时排水和检查。对于始终处于高度紧张状态的消防员来说，屋顶的绿色休闲空间具有特殊的意义。2009 年度，首尔市共完成老原、西大门、江东消防署屋顶绿化，2010 年计划完成中区、东大门、九老、西草、铜雀消防署屋顶绿化，为消防员提供城市生态据点。

二、北首尔梦之树丛

位置：首尔特别市 江北区 番东山 28-6
开发：首尔特别市 东部绿色城市局
设计：西套 FORCE
施工：（株）花城产业，（株）生态园
面积：3402m²

北首尔梦之树丛是把即将贫瘠化的干涸地开发成公园，继世界杯公园、奥林匹克公园、首尔丛林之后，成为首尔第四大公园。清除原地面上的陈旧设施，种植树木，布置喷水，变成 66 万 m² 的大型公园。公园内的建筑物屋顶均绿化，与公园完全融合为一体，方便市民使用。设计规划的意图就是，不是建筑在蚕食自然，而是与自然同呼吸共存亡。在游客中心、美术馆、画廊、艺术中心、餐厅等建筑物的屋顶实施了绿化，规划设计的原则之一就是最大限度地降低维护管理费用。艺术中心屋顶庭院直接和旁边的山径小路相连接，在主要的眺望点设置雨亭，使游客驻步歇息。植被种类也很丰富，有枫树、野韭菜、黄栌木、长柄百合、百里香、千屈菜、黄蓝草丛、曲柳、麒麟草、朝鲜菊等，四季都能欣赏开花也是本案例的特色之一。除艺术中心屋顶庭院外，其他屋顶均不对外开放，其设计理念主要放在降低城市热岛效应、预防城市干燥化等方面，种植草丛堆类植物为主，表面铺设自然火山石，防止草类植物生长之前裸露底面。

三、东国大学学术文化馆

位置：首尔特别市 中区 笔洞 3 街 26 番地
开发：东国大学
设计：（株）韩设绿色
施工：（株）韩设绿色
面积：2091m²

　　东国大学学术文化馆位于园区主入口，从南山和新罗大酒店客房都能清楚地看到。学术文化馆由两栋楼组成，大楼之间顶部用廊桥相互连接。其中的学术馆主要由艺术类专业学生使用，其屋顶的绿化设计自然充分体现学生的个性和特点。另一个文化馆屋顶中间有很大的设施物把屋顶分为两个区域，屋顶的绿化设计自然充分反映其特点。最终确定的屋顶绿化分为生态公园、水平公园和眼眉公园三部分，生态公园的利用率最高。生态公园的莲花池采用水质净化材料，设置喷水装置和水循环系统，引入水生生物和植物，莲花池周边布置弯曲小路、木桥、木质平台、艺术椅子等供学生悠闲漫步。水平公园设置较大型的木质平台，可以举办团体活动，沿屋顶周边的植物呈叠落状，设置木质假墙壁，学生们可以靠着墙壁读书或喝咖啡。眼眉公园是顺着建筑物的流线布置艺术色彩的水空间，周围设置艺术亭、艺术椅子等。绿化设计充满创意，获得 2009 年度首尔市环境奖。

四、比比安大厦

位置：首尔特别市 龙山区 西冰库洞 4-52
开发：（株）南荣比比安
设计：（株）韩设绿色
施工：（株）韩设绿色
面积：620m²

比比安大厦是（株）比比安总部所在地，临近南山和汉江，因大厦女儿墙较高，在屋顶无法欣赏周边自然美景。在屋顶绿化中，布置高台地眺望台，土壤基层也适当抬高，视觉效果上与南山、汉江连成一体。和其他大楼一样，原屋顶上也有冷却塔等突出屋顶的设施物，采取木架格栅包住这些突出物，种植藤蔓类植物予以掩盖，既提高绿化率，也改善景观。布置野生花草山径步道，缓解员工的烦躁心理。为了降低管理维护费用，采用低管理型屋顶绿化系统，以草丛堆模块植被为主。以出入口到眺望台的主通道和环绕屋顶公园的野生花草山径步道作为主要对象，各处设置休闲空间，满足员工休息需要。

■ 总平面图

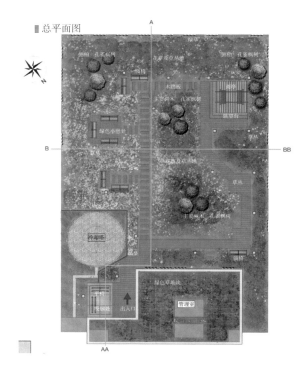

五、首尔高等检察厅

位置：首尔特别市 瑞草区 盘铺路 707
开发：首尔特别市 绿地事业所
设计：（株）韩林造景技术师事务所，汉水
　　　GREEN TEC（株）
施工：青银综合开发（株），汉水 GREEN TEC（株）
面积：2940m²

　　首尔高等检察厅屋顶绿化，以花草类和草丛堆为主，营造个别土包种植松树、山楂树、檀香树、柏树、翅果六道木、荆棘类等乔木类，在平坦的绿色面增添立体色彩。地面间隔采用平台、踏板、石板，引起步道的视觉变化。沿着步道布置草坪广场和水臼，形成水草清凉调和。各个动线相互连接，可作为运动场地使用。绿化分为二、三、四层，二层以野外中央大平台为中心，周围布置山径小路，选择抗风、抗干旱、适合屋顶环境的马兰、甘菊、獐蹄草等花草类植物。三层中央布置藤椅和平椅，做休闲空间，周围种植花草类植物。四层，在连接 3 个出入口的主要步道铺设木质大平台，显得宽敞明亮。有高差的地方设置台阶便于移动，在整体形成封闭循环交通的基础上，追加直线型和弯曲型次要步道，屋顶空间显得更为有趣。

六、首尔市政开发研究院

位置：首尔特别市 瑞草区 西草洞 391
开发：首尔特别市 市政开发研究院
设计：韩国西西阿尔（株）
施工：韩国西西阿尔（株）
面积：554m²

首尔市政开发研究院屋顶绿化，以节能为目的，实施生态监控系统。在3层屋顶绿化中，各有不同的生态监控系统的功能和特点。三层"绿光庭院"作为研究员们的休息空间兼作使用状态的观察空间，由于眼前就是秀丽的宇绵山，尽量减少遮挡视线的乔灌木类植物，采用环保的木材为主要材料，形成温暖氛围。四层"水影庭院"设置多种生态监控系统和实验空间，分区域实施实用性试验研究。五层"天色庭院"，为了吸引研究员，在出入口附近布置休闲设施，力图提高使用率。在平缓弯曲的山径路上，轻松漫步，身心得到充分休息。

七、圣美山学校

位置：首尔特别市 麻铺区 圣山洞
　　　256-31
开发：圣美山学校
设计：（株）韩国城市绿化
施工：（株）韩国城市绿化
面积：247m²

　　圣美山学校是探索新型教育的试点学校。为适应试点教育，屋顶绿化引入原生态概念，作为城市内的生物圈体验和学习场所。生态公园由三部分组成，第一部分是湿地和草地原生态相结合的"花叶世界"，第二部分是由轻量型草丛堆植物组成的"草丛堆植物园"，第三部分是以水生生物为主的"玛古吉娜水生植物园"。"花叶世界"的湿地和草地原生态完美结合，形成典型的原生态，"草丛堆植物园"和"玛古吉娜水生植物园"的原生态概念也很浓厚，充当实际教育场所。在水生植物园观察蜻蜓幼虫、鱼苗龙虱等水中生物，原本在城市里是很难做到的生态教育。圣美山学校举办幼儿生态探索活动，发行屋顶生态公园信息刊物。圣美山学校屋顶生态公园没有侧重美丽的外观，紧跟小型生物圈原生态概念，追求生命教育的根本，是教育机关屋顶绿化事业中值得推荐的案例之一。

八、新内老年人疗养医院

位置：首尔特别市 中浪区 新内洞 642 番地
开发：首尔特别市 东部绿色城市事务所
设计：珍 LAND 工程
施工：兴龙综合建设（株）
面积：1069m²

　　新内老年人疗养医院是地下1层、地上5层的混凝土建筑，作为首尔市社会福利设施绿化事业的一环，实施屋顶绿化。在屋顶的北侧和东侧，可以完整地欣赏佛岩山，作为连接自然绿地和城市生态网络的据点再好不过。为老年人设计的屋顶庭院，是花的庭院，四季都能观赏绿色景观，对安定老年人的心理起重要的作用。设有遮阳篷、长椅、平台、硬肩路等便利设施，为患者和护士服务，也为监护病人的家属安慰其疲惫的身心，缓解其担心和忧虑。不愧为心情为之一震的沙漠绿洲。在原有建筑防水基础上，追加实施整体采取纤维防水，达到防水和防根茎双重效果，切断根茎等引起的漏水。值得一提的是这里的灌溉设施，在4个地方设置自动温控装置，当气温较高时，自动浇注清凉的水，庭院的使用和管理非常便利。

九、梨大木洞医院

位置：首尔特别市 阳川区 木洞 911-1
　　　番地
开发：梨花女子大学医疗院
设计：（株）韩国城市绿化
施工：（株）韩国城市绿化
面积：876m²

　　该工程屋顶绿化，去除屋顶不必要的设施物，进行结构补强后，为患者、看护者、诊疗提供有意义的绿色空间。空间分为以相见庭院和遮阳篷为中心的休闲庭院、草坪广场、多功能活动庭院、老弱病残和看护者专用休闲空间等四个部分。休闲庭院的左右侧布置山径小路和生态硬路肩，沿路种植景观树木，分别形成幽静温馨的绿地空间。木洞医院把原有仓库翻修成自助式设施，一方面方便使用者，另一方面每月4次向使用者募集维护管理费用。形成使用者负担环境管理费用的维护管理良性循环，值得提倡。

　　木洞医院的屋顶庭院不仅用作治疗庭院，还可以作为多功能空间，举办为病友们演出等各种活动。在这里可以看，可以听，还可以锻炼身体，梨花女子大学屋顶绿化可称得上是治疗庭院的模范之作。

十、宗根堂总部大楼

位置：首尔特别市 西大门区 忠诚路3街368
开发：宗根堂产业（株）
设计：韩国西西阿尔（株）
施工：韩国西西阿尔（株）
面积：465m²

该案例是在制药公司办公大楼屋顶营造员工的休闲空间的例子。设置遮阳篷、四角亭，亭子周边种植优雅的四季常青松树，沿着山径步道种植多种花草类，增加自然情趣，供员工休闲。用环保木质材料制作台阶和瞭望台，欣赏周围绿色环境。该案例选择常绿树种，冬季也能感受绿茵的存在。周边布置山径小路和平台，可以欣赏四季开花的多种花草。屋顶绿化的普及效果如何，是首尔市屋顶公园化事业援助对象的筛选标准之一。该案例受到其他制药企业关注的因素之一也在于此。

韩国京畿道屋顶绿化典型案例

资料提供｜吴江任　京畿农林振兴财团　绿化事业部门

一、安山中央婚礼大堂（K-PLUS 商家）

位置：京畿道 安山市 丹原区 古残洞 K-PLUS 商家五层
设计、施工：上好家／韩国西西阿尔（株）
面积：1014m²
主要设施：瞭望平台
特点：绿色节能（防热）屋顶庭院

　　中央婚礼大堂位于安山市中央车站附近，其屋顶设置的蓝天庭院克服自身缺点，创造出崭新的屋顶绿化类型。由于屋顶支撑结构弱，屋顶又是倾斜面，采用厚度小于 10cm 的轻量型土壤，种植草丛堆类和设置台阶型瞭望平台，充分发挥屋顶绿化的功能。

　　由于该大楼五层功能就是婚礼大堂，大堂中间没有柱子，屋顶也不是混凝土板而是轻型夹芯板，承受荷重限制很大。本案例克服种种限制和不利条件，设计防水、防根茎和植被基层，提高隔热效果，建筑物的节能效果大幅度提高。

二、松竹洞绿色村庄

位置：京畿道 水原市 长安区 松竹洞 4 栋别墅屋顶
设计、施工：美丽 SG
面积：378.5m²
主要设施：轻量型屋顶绿化、遮阳篷、花坛等
特点：掀起别墅屋顶的绿化

　　松竹洞绿色村庄被选为 2007 年韩国国土海洋部宜居城市事业示范对象，本案例在当地被称为"创造充满绿色生态村庄——宜居松竹"事业。首次选择 4 栋别墅实施了屋顶绿化事业。

　　这些别墅类房屋大多年久失修，结构荷重不同程度受到限制。考虑这些特点，选择土层厚度小于 10cm 的轻量型屋顶绿化系统，种植的植物都以草丛堆类和麒麟草为主。在规划上布置山径小路、遮阳篷等休息空间，努力改变民间单独住宅恶劣的居住环境。松竹洞的民间单独住宅屋顶大多是光秃秃的，只有黄颜色的水箱矗立其中。通过示范事业，景观面貌和居住环境得到大大改善。

三、京畿文化财团

位置：京畿道 水原市 八达区 仁溪洞 京畿文化财团三层
设计、施工：（株）韩国城市绿化 / 绿色造景
面积：430m²
主要设施：藤架、遮阳篷、长椅等
特点：城中绿色景观演出

京畿文化财团位于韩国水原市八达区的商业区域，周边集中了市政府、京人日报、韩国土地开发公社、百货店等建筑，是典型的城中心区域。结合实际情况，在京畿文化财团三层屋顶，规划重量型屋顶绿化管理系统，在灰色的都市中心增添了一处亮丽的绿色景观。

在屋顶中部采用厚度为20cm的轻量土壤，种植甘菊、百里香、朝鲜菊、狼尾草、绿石竹等草类植物。在屋顶周边采用厚度为30cm的轻量土壤，种植四季树、黄杨木、蔷薇、樱树等乔灌木。设置遮阳篷、长椅等设施，为使用者提供休闲空间。

在既有建筑实施屋顶绿化，提供休闲空间的同时，为绿地严重不足的都市中心创造绿色空间，在周边其他建筑中也能欣赏绿色景观，其作用是显而易见的，得到了充分肯定。

四、议政府儿童图书馆

位置：京畿道 议政府市 湖园洞 回龙路 议政府儿童图书馆
设计、施工：艺堂 / 世界综合造景（株）
面积：320m²
主要设施：草坪广场、木质平台等
特点：儿童的自然学习场

　　议政府儿童图书馆于2007年5月投入使用，拥有500个座席和5万余本藏书，是正常儿童和视觉障碍儿童都能使用的新式儿童图书馆。议政府儿童图书馆屋顶庭院——"蓝天庭院"，因使用者都是儿童，安全问题摆在第一位，其次根据儿童的身材大小，布置设施物和种植植材，方便学生自然课学习。移动步道呈圆形，铺设木质地面，周围的灌木和草木边也铺设木质平板兼作长椅，使孩子们光着脚丫也能走路和休息。完工初期原本在屋顶中央种植的枫树和草坪，由于孩子们的好奇而损坏较重，不得已使用木质栏杆把植物区与步道隔开，如今改种盘松和野韭菜等花草类，来吸引孩子们的眼球。蓝天庭院还可以作为儿童露天教育文化场所，不仅提升城市绿色景观，而且在培养绿色下一代教育方面也会成为值得期待的场所。

五、韩国综合物流

位置：京畿道 军浦市 富谷洞 韩国综合物流（株）
　　　军浦总站管理楼
设计、施工：（株）MORE 造景／（株）时空造景
面积：1114m²
主要设施：原生态湿地、溪流、观察平台、光伏
　　　　　风力发电设施等
特点：孕育生命的原生态屋顶庭院

　　韩国综合物流屋顶花园"享受美丽"，大致由三个空间组成，面积
为1114m²，规模在韩国数一数二。两处生态湿地栖息萤火虫、青蛙等
动物，还有一处是溪流，栖息鳉鱼、鲵鱼、田鸡等生物。两处生态湿
地分别位于东、西侧，组成空间核心，中间用溪流相连接，作为缓冲
和转移空间。布置观察平台、小木桥等设施，便于观察生态湿地和溪
流的生物。生态湿地采用周围农田泥土，田鸡、蜗牛、田螺、鳉鱼等
生物也都来自周边的农田和蓄水池。努力做到与周边环境相适应。此
外，设计300W光伏发电系统和400W风力发电系统，用于生态湿地
和溪流的水循环。设置雨水储存设施，充分利用雨水提供莲花池用水，
构成亲环境型自然循环系统。

　　"享受美丽"通过屋顶绿化组成生物栖息空间，为植物、鸟类、两
栖动物类、昆虫等多种生物提供栖息地，成了连接周边山川的生态网
络节点和儿童及青少年提高环境意识、接受环境教育的生态学习场所。
充分体现企业的社会责任。

六、手艺医院

位置：京畿道 富川市 五丁区 内洞 手艺医院七层
设计、施工：（株）韩国城市绿化
面积：495m²
主要设施：棚架、平椅、草坪、山径步道等
特点：治愈身心的屋顶庭院

手艺医院位于富川市五丁区医大第五街，是一家整形外科专门医院。地处工业区域，拥有200多张床位，收纳需要手术的或者行动不便的患者在此接受手术和康复治疗。

"蓝天庭院"位于手艺医院七层屋顶，由较大规模的草坪、山径步道、长椅等组成，尽管相对简单，却是医院内唯一能够享受温暖阳光和乘凉的空间。为了便于患者使用，设置电梯直通屋顶，在屋顶的长椅设置吊瓶挂钩。屋顶规划看不到华丽的一面，却处处体会到对患者的无微不至的关怀。

手艺医院的"蓝天庭院"，以医院患者使用为第一目的，全天24小时开放，随时可以享受阳光和绿色。傍晚放映电影，为患者和监护者以及周边居民服务，去年还曾在此拍摄医院题材的电视剧。嫣然成为了集治疗、休息、康复为一体的文化空间。

七、三兴创造

位置：京畿道 富川市 元美区 道堂洞 三兴创造
设计、施工：楼宇绿色
面积：236m²
主要设施：棚架、平椅、莲花池等
特点：职工休憩的屋顶庭院

　　三兴创造位于京畿道富川市元美区，是一家生产时装用金属材料的企业。企业所在区域为富川市工业区，绿地空间非常稀少。为了给员工提供亲近自然的休闲场所，改善周边绿色景观，该企业于2007年，在236m²的屋顶规划了蓝天庭院。庭院的规划与该企业时装材料的设计特点相适应，空间美观大方，倾注了心血。

　　屋顶绿化采用混合型，轻量土壤厚度为20~50cm，种植花草类等多种树木。屋顶周边以木质平台为中心，种植菩提树、紫薇、苹果树、黄杨木等树木，屋顶中央以莲花池为中心，种植松树、落叶松、紫杉红等树木和草本类植物，突显季节感。莲花池周边布置黑色玄武岩和麒麟草、百里香等草堆类植物，与清凉的喷水一起，让人沉浸在立秋的清爽之中。

　　屋顶绿化改善了工业区域的景观，为员工创造绿色休憩场所，可谓是厂区以及厂内屋顶绿化的典型代表作。

八、京畿广播

位置：京畿道 水原市 永通洞 京畿广播
设计、施工：上好建设／上好家
面积：549m²
主要设施：金字塔、蔷薇塔、棚架、平椅等
特点：寻觅构思的屋顶庭院

到处丢弃有烟头，铁塔上矗立通信桅杆，光秃秃的一片灰色景象，这就是原先的京畿广播屋顶现状。一整天反反复复的计划会议，节目构思，与演员的交涉等，对忙得不可开交的广播局员工来说，以前的屋顶就是抽空上去喷烟雾的地方而已。拥有50余名员工和编辑，加上演员在内每天约100余名人士忙碌在此，京畿广播局屋顶和其他地方相比较也没有什么两样。

位于水原市永通地区民居和商业设施之间的京畿广播局，有一天其屋顶完全变了样，多种便利设施齐全，绿色葱葱的空间展现在我们面前。

京畿广播的蓝天庭院，采用混合型屋顶绿化系统，种植有枫树、紫薇树、栗子树、朝鲜菊、水草等多种植物，设置金字塔、蔷薇塔、节能塔等不同色彩的设施物，布置平台、草坪、山径步道等适当的划分空间，绿色美丽出现在眼前。

完成蓝天庭院以后，最大的变化，要数员工的热情表现。对于每天构思新的设想，以创意性的视觉与听众见面的广播局职工来说，屋顶蓝天庭院就是创意之源泉。在屋顶悠闲地享受阳光和凉风，进行业务交流，新的设想、新的构思油然而生。

九、果川市政府

位置：京畿道 果川市 中央洞 果川市政府
设计、施工：（株）艺送建设
面积：1000m²
主要设施：棚架、长椅、瀑布等
特点：政府机关屋顶庭院

　　果川市列入应对气候变化示范城市，作为第一个模范事业项目，2008年在果川市政府主楼二层实施了重量型屋顶绿化管理事业。采用厚度为10~20cm的轻量土壤，沿移动步道种植多种地被植物、乔木和灌木，布置棚架、长椅、瀑布等设施，为市政府公务员和来访的办事人员提供愉快的休息空间。

　　果川市府屋顶绿化空间对市民完全开放，告知市民屋顶绿化的优点，成了屋顶绿化的自然广告样板。

十、京畿农林振兴财团

位置：京畿道 水原市 长安区 经水路 京畿农林振兴财团四层
设计、施工：（株）EVER TEC／妯娌公司（株）
面积：540m²
主要设施：轻量型、管理重量型、混合型屋顶绿化，棚架，长椅等
特点：屋顶绿化样板实施地

　　京畿农林振兴财团作为扩大吸收二氧化碳对策，自2005年开始实施屋顶绿化应用事业，到2010年已有6年。为了更好地提供信息、宣传和教育，更为现实地促进屋顶绿化事业，于2009年在财团屋顶实施多种类型的屋顶绿化，提供屋顶绿化样板。

　　本案例概括了当今实行的轻量型、管理重量型、混合型等多种屋顶绿化类型，汇集了屋顶绿化的很多技术和组成方法，成了提供信息的屋顶绿化样板。莲花池、长椅、棚架、墙体绿化等多种设施，为财团员工、建筑物使用者、访客提供休闲空间。

　　值得一提的是，轻量型屋顶绿化类型，展示了当今屋顶绿化施工企业所采用的轻量型类型。在这里可以看到蛭石、排水板、土壤层、植物素材等的断面，容易了解和掌握屋顶绿化的体系和植材植物。

第二篇 墙体绿化

第一章 墙体绿化概要

这一部分是墙体绿化，简单地说就是垂直空间绿化方法。

一般说来，植物都是扎根在地面，迎着太阳生长。而墙体绿化则是在墙壁或者围墙等垂直物体上种植植物，并且维护管理，其方式和方法有它的特点。本篇第一部分，主要阐述墙体绿化的历史、意义、制度，概括性地了解墙体绿化。

金泰汉教授从建筑史、亲环境功能、绿色建筑、水文土木、园艺植被等概念出发，指出墙体绿化的意义。

姜进形部门长通过考察 700 年前巴比伦空中庭院人工基层绿化技术，认为当时完全具备利用藤蔓植物实施墙体绿化的技术水平，阐述墙体绿化的变迁。

李相民部门长强调，绿化垂直面并非易事，强调选择合适的施工方法和植物以及维护管理的重要性。

金善惠室长认为，形态、色彩、质感决定设计，墙体绿化也不例外，离不开这些设计要素。

金哲民代表详细介绍施工过程中需要注意的 8 条事项，强调维护管理和安全对策的重要性。

吴忠贤教授阐述韩国以及日本、德国的有关墙体绿化制度，指出墙体绿化的发展方向。

n Wall

墙体绿化定义以及可持续发展方向

金泰汉　尚明大学环境造景学科

一、可持续效果

以 18 世纪产业革命为契机，作为人类居住空间的城市，得到了史无前例的快速发展。以化石能源为基础的大规模的生产系统，改变了城市的经济结构，急剧膨胀的能源消费，伴生城市大气污染、热岛效应等环境问题。尤其是建筑物，作为城市的主要组成要素，其能源消费占全球能源消费量的1/3，冷热能源使用量的增加，加重了城市的气候变化。

著名生态经济学家赫尔曼·戴利这样定义"可持续效果"的含义：为了人类与自然界的可持续发展，需要保持生产与需求、使用和废弃的物理均衡。并以经济性理论作如下解释：人类维持生活环境所需最低资源需求量不能超过资源再生产量，所废弃量不能超过自然净化能力。只有这样，人类和自然的可持续发展才能成为可能。

建筑领域以城市的可持续发展为前提，努力降低使用化石能源，建立自立型能源供应体系，确保人类舒适的居住环境等事业符合生态经济学理论，具有相同的脉络。尤其是被动型绿色建筑设计的概念和方法，提倡顺应目的地的气候环境，强调保持开发前后的生态系统的一致性，从可持续效果角度看，值得肯定。

二、建筑史上的建筑物绿化

维持舒适的居住环境，创造可持续效果高的定居空间，是绿色建筑设计的目的。建筑物绿化作为绿色建筑设计之一，焦点落在建筑物生态功能的恢复上，属于生态气候学设计范畴。从建筑史上看，可以认为是很受鼓舞的自然统合型建筑设计方法。自古以来，中东方将建筑物作为人类生活的一部分，与自然物同欣赏、同作为，这是东方即中东建筑文化的特征，与西方的立面建筑、纪念碑式建筑正好相反。日本的高尔维哲在 1911 年的东方旅行中，将阿拉伯建筑特点概括为 villa savoye、promanade、roof garden 等三部分。始于 1914 年多米诺系统的现代建筑研究中，融进了东方建筑的特点，在《Alfred Roth》一书中被整理为近代建筑五原则，也是现代建筑的原型。阿道夫·纳塔里尼早期崇拜现代建筑和造景领域颇有影响力的雷姆·库哈斯，他领衔的意大利佛罗伦萨权威建筑集团 Super-studio 于 1972 年在美国金门大桥上，设计立方体形人工绿化结构，把建筑物绿化带到巨大的社会间接设施领域。

建筑史的发展始终伴随着建筑物绿化。到了 20 世纪末，随着计算机辅助设计技术应用的飞速发展，迎来了又一个发展契机。从原先的平面二维设计中摆脱出来，把建筑外皮和结构引入三维立体设计领域，基于 Gilles Deleuze 折叠理论（fold）的单子论（monadology），空间设计成为可能。单子论空间设计概念强调建筑物室内外是一个统一连续的折叠板，被称为折叠建筑设计。建筑家们在实现新空间概念的过程中，关心的焦点不约而同地落在如何设计满足不同需求的立体的建筑物外皮以及如何在建筑室内外直接引入自然景观等问题上。建筑物绿化作为生态技术方案和对策之一，受到广泛瞩目。期待建筑物绿化更加柔和轻量，满足使用要求。

雷姆·库哈斯设计的荷兰维特莱赫特大学学生中心，通过建筑物绿化，把折叠建筑设计的连续性表现得淋漓尽致。把地面、墙壁、顶棚统一为单一连续的板，模糊了层区分概念，自然地与

建筑性山间小径和屋顶庭院——Villa Savoye①   Cube of forest——超级工作室②

大地统合为一体。连续板具有很强的动线吸引，通过室内空间到达屋顶时，作为大地的延长概念，实施屋顶绿化，突出了板的连续性，建筑设计构思和意图清晰，设计非常完美。

面对一系列建筑设计思潮和需求，与之相适应的建筑物绿化产品制造业应运而生，总部位于法国里昂的 Canevaflor 就是比较典型的墙体绿化专业体。许多世界建筑师与 Canevaflor 合作，达到设计意图。由伯纳德·屈米设计，2008 年完工的瑞士洛桑地铁车站绿化工程就是成功合作的代表作品之一。

维特莱赫特大学学生中心，维特莱赫特，荷兰，1997——雷姆·库哈斯③

M2 Metro Station，洛桑，瑞士，2008——伯纳德·屈米④

① http://sgeezy.files.wordpress.com/2011/03/img_8917jpg
② http://utopies.skynetblogs.be/tag/superstudio
③ http://metafold.net/news/tag/photography/
④ http://architectureframed.blogspot.com/2011_01_01_archive.html

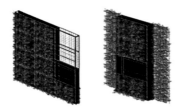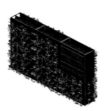

伽内巴普尔鲁的产品：从左至右依次为重量型、轻量型、卡片型、防噪声型系统[1]

伯纳德·屈米设计的洛桑地铁车站，东边是售票处，西侧为地铁出入口，作为连接东西两端的通道，采用连续的混凝土板，利用洛桑的地形和阿尔卑斯地质性历史覆盖长板，缓和交通设施给人的压抑感。Canevaflor 作为绿化施工合作方，充分把握设计意图，采用绿色建筑所认证的外装材料，满足委托方的绿色要求。Canevaflor 不仅能够提供满足不同需求的产品，而且其相关技术得到认证，产品的认知度很高，产品和技术输往世界十多个国家。

三、运用绿色功能观点解析墙体绿化概念

传统的城市开发，在城市增加了过多的不透水层，导致水循环体系的紊乱和蓄热体的增多，带来了城市沙漠化现象，对城市环境不利，阻碍城市的可持续发展。根据首尔市水循环体系变化调查情况，与 1962 年作比较，得出 2002 年的表面流出总量增加 527%，蒸发量却减少 40.7%。城市沙漠化现象明显，采取根本的解决对策迫在眉睫。建筑物绿化，通过绿化过度密集的城市不透水层外装表面，力求保持开发前后的生态状态的一致，增进城市的绿色功能，有效防止城市沙漠化。这里提出的保持开发前后的生态状态的一致，不是仅限于解决气候问题、增加物种多样性等环境生态学功能的提高，而且还要包括建筑、土木的绿色改善。因此，可持续墙体绿化与环境建筑，水文与土木，园艺与植被等因素密切相关。体系性地了解墙体绿化概念，首先要了解相关因素的概念。

四、环境建筑概念

首先观察建筑统合型光伏发电系统。这种统合型建筑，由于实施了墙体绿化和光伏发电，除建筑外皮原有功能以外，赋予了生态功能和附加值。80% 以上的光伏电池板都是硅晶体系列，具有随周边温度的变化其蓄电效率也变化的物理特性。通常在 25℃温度下，气温每增加 1℃时，蓄电效率减少 0.5%。为了防止这种现象，采取透气性墙体（起烟囱效果）、人工基层植被等方法，提高光伏电池板的蓄电效果，通过降低建筑物冷暖负荷，提高建筑外皮的能源功能。

根据建筑物统合概念解释墙体绿化时，可以采取墙体热传导改善、建筑物能源效率提高等定量化的能源指标。LEED 和欧洲绿色建筑认证制度中，与墙体绿化有关的评价指标，多与能源、大气、水资源效率等定量性指标相关联，且所占比重较大。因此，有必要进一步研究各个关联指标的定量问题。

加利福尼亚科技大学的伦佐·皮亚诺（Renzo Piano）工程项目很有代表性。采用陡坡绿化系统，获得多种定量指标。具体地说，经过三年筛选再生树种，进行建筑外皮的模拟试验，建立监控系统。检测结果，夏季可调节的温度达 10℃，年可调节的雨水为 1.3×10^7L，降低噪声 40dB，达到 LEED 的白金等级，得到绿色建筑认证。

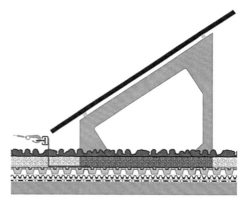

屋顶绿化统合型光伏发电系统——ZinCo[2]

[1] http://www.canevaflor.com
[2] http://www.zinco-greenroof.com/EN/green-roof_systems/solar-energy.php

加利福尼亚科技大学伦佐·皮亚诺（Renzo Piano）[1]

五、水文以及土木概念

减少城市不透水层，根本上与城市开发阶段的土木问题关系很大。近年来，为了解决中心城市规划中的高密度问题，低影响开发观点的研究非常活跃。诸多细部技术不断产生，IMPs（Integrated Management Practice）是通过改善造景技术，来降低雨水流出速度的技术，与 IMPs 伴行的是 SG（Smart Growth）技术，是降低雨水污染源的技术。这些技术与墙体绿化在内的建筑物绿化有着紧密的关联。与土木的观点和方法相对应，运用定量指标表达系统性的水文学效果，需要水流出与流进电算模拟和开发定量雨水再活用系统。把雨水庭院、树木箱过滤、砂质表面过滤、卵石表面湿地、屋顶绿化等与 IMPs 和 SG 技术有机地连接起来，组成 LID 融合型造景技术。实际工程中采用这种新型融合技术，还需要其他关联制度的支撑，如作为环境规划指标的生态面积率等规定。生态面积率的应用始于柏林

---

① http://www.aisc.org/newsdetail.aspx?id=19540
② http://www.seattle.gov/dpd

BFF，后经马尔默 GSF，到了西雅图 SGF，发展为复合生态面积率体系。作为立体绿化强化政策，西雅图市规定，墙体绿化加权值为 0.7，雨水庭院的加权值为 1.0，把 LEED 制度中的 LID 技术更加明确化。

西雅图市生态面积率规定（SGF）[2]

六、园艺和植被概念

园艺相当于墙体绿化系统的材料，理应是符合当地气候条件的物理系统，从事园艺事业，需要再生树种为基础的植被专业知识。帕特里克·勃朗（Patrick Blanc）经过 30 余年的研究，完成了自己独特的墙体绿化系统，先后与让·努韦尔、赫尔佐格 & 德梅隆、伦佐·皮亚诺等世界级建筑师合作，参与建筑规划和设计。他是墙体绿化系统领域具有代表性的人物，在韩国也广为人知。

2006 年，让·努韦尔与吉勒·克莱蒙（Gilles Clement）合作，完成了 Musee du Quai Branly 博物馆设计。这个博物馆是标榜"多种文化间交流"的原始文化博物馆，早在 1995 年就得到前法国总统扎克·希拉克的支持。让·努韦尔为了强调原始博物馆的整体性，拟将吉勒·克莱蒙的原始森林空间设计延伸到建筑物立面。采用帕特里克·勃朗开发的符合地中海气候条件的墙体绿化系统，墙体绿化

面积约 800m², 植物来自中国、日本、美洲和欧洲等地, 总计 150 余种, 15000 余株。绿化系统的具体做法为, 10mm 厚聚氯乙烯板上粘贴双层聚酰胺腐蚀土组成轻量型植被基层, 每 300mm 间距嵌入水管提供营养液。

2008 年, 帕特里克·勃朗与赫尔佐格 & 德梅隆合作, 完成了西班牙马德里的 Caixa Forum 墙体绿化。Caixa Forum 是将原有中央电力所进行改造, 使之成为文化设施, 是具有代表性的城市改造工程项目, 是一座多用途文化中心。该文化中心面对马德里植物园, 地处由 Paseo del Prado、Reina Sofia、Thyssen–Bornemisza 等三座博物馆组成的马德里文化三角地带。赫尔佐格 & 德梅隆在设计手法上保留近代产业建筑——中央电力所的历史整体性和原有物性, 采取外科手术方式, 嵌入新功能建筑模块。为了与正面的植物园和德尔·普拉多博物馆的景观构成绿色网络, 赫尔佐格 & 德梅隆与帕特里克·勃朗合作勾画墙体绿化。所采用的绿化系统与盖·布朗利博物馆的墙体绿化系统相同, 在 24m 高的立面种植总计 250 余种、15000 株植物。考虑到双层聚酰胺腐蚀土绿化系统的厚度 3mm 左右时也能粘结植物, 大大降低培育层重量, 减轻了建筑物的荷重负担。该绿化系统湿润状态下的重量约为

3kg /m², 轻量效果显著, 对地中海气候建筑物墙体绿化, 是比较理想的绿化系统。

帕特里克·勃朗以绿化系统原创技术、非凡的沟通与设计能力、专业化的产品制造为依托, 整体上把各种要素恰到好处地融合在一起, 打开了高附加值墙体绿化市场, 较为完整地提出了墙体绿化系统概念。

七、韩国墙体绿化系统发展趋向

建筑物绿化系统需要健全的生态气候学设计对策, 尤其是墙体绿化其设计要求更高。为了相关行业的发展壮大, 形成广阔的市场氛围, 系统的技术标准化显得很有必要。意大利的情况是, UNI EN ISO 13786 相关标准, 计算机模拟, 检测与控制, 实测作业

盖·布朗利博物馆, 巴黎, 法国, 2006——让·努韦尔、吉勒·克莱蒙、帕特里克·勃朗[1]

等并行，对各个组成元的热属性进行分析和比较，制定对应的技术标准。我们也要从不同系统的热贯流率着手，进行分析研究，制定规格化的技术标准。误认为墙体绿化就是临时性的、展示性的外挂材料，这种错误观点必须予以纠正。制定技术标准的同时，还要客观地理解韩国的气候环境，研究解决耐久性、维护管理的简便性等问题，并把各种因素有机地结合在一起。只有这样，当市场需求形成一定规模时，相应的系统技术开发和生产也能跟上发展节奏。至少解决施工经济性等问题之前，首先得到政府和有关行业团体的鼓励和提倡，完善相关制度。

目前，以韩国各地方政府和行业团体为中心，屋顶公园化事业积极向前推进，发展迅速。顺应气候变化，把建筑绿化功能积极运用在社会各个领域，已迈进国际性示范行列队伍。相反，墙体绿化事业由于要求具有创意性，相应的技术要求也较高，可以认为是一个新兴的建筑绿化领域。需要我们积极与设计师和开发商沟通交流，预测相关市场，正确应对各种变化，以专业的绿化系统和材料为基础，建立可行的技术标准。能够为绿化使用者提供标准化指标之时，也就是墙体绿化进入造景产业之日。

① http://www.greenpublicart.com/pages/
wp-content/uploads/2010/04/GreenWall_
PatrickBlanc3.jpg；http://www.buildipedia.
com/go-green/eco-news-and-trends/
item/1305-from-madrid-patrick-blancs-
vertical-garden

Caixa Forum，马德里，西班牙，2008——赫尔佐格＆德梅隆、帕特里克·勃朗[1]

墙体绿化技术发展和最近倾向

姜进形　（株）韩设绿色下属生态造景设计研究所

在人类历史上，何时开始了墙体绿化，没有正确的考证。不过有一点是可以确认的，那就是自从人类开始造房子，生命力顽强的、周边常见的藤蔓类植物，很自然地缠绕或贴着房子外墙生长的事实。之后人们开始选择对生活有益的植物，种植在房子周边，也许墙体绿化就是从那个时候起，自然地引入到我们的生活之中。

人类摆脱丛林，通过文明建立城市，为了获取绿色和食物，在居住地周围开垦农田庭院。这种庭院理应当做人类最初进行的绿化事业。

传说公元前 700 年间，新芭比鲁尼亚王国的奈布卡德奈扎日国王二世在巴比伦王宫平台上造就了第一个人工基层屋顶绿化。如果说当时掌握的植物栽培技术，能够达到人工屋顶庭院规模和程度，

相信运用藤蔓植物的墙体绿化技术也应达到相当的水准。因火山爆发，埋在地下的公元 79 年的古代城市婆姆佩伊展现在我们面前。从这些遗迹中，可以发现藤蔓植物缠绕在造型支架、花架等的痕迹。可以推测，墙体绿化很早以前就与人类的生活和环境建立了密切的关系。

韩国的情况也类似。很早以前，农家的人们在古树上缠上藤树、凌霄花等植物当做藤架，其上种植葡萄，利用

20 世纪 20 年代　延世大学近代建筑物 爬山虎种植记录
（载自 roaltlf.blog.me）

运用石南属植物的下垂式绿化案例（Number Park，日本）

无花科植物墙面栽培 肩支撑（尚水伊宫殿，德国）

肩支撑案例（兵库县立大学附属栗地园艺景观学校，日本）

屋顶和围墙种植南瓜、葫芦等，用作夏季乘凉，秋季收获果实。可以看得出，民间的生活中，都是很自然地融入了墙体绿化的功能。

一、传统的绿化方法

1. 利用附着型和下垂型植物的绿化

最早的墙体绿化技术，是使用天然藤蔓类植物的方法。藤蔓类植物一般自行附着或者缠绕或者倚着在墙壁生长，不需要特殊的技术处理。只要存在当地容易生长的多年生藤蔓类植物，就可以进行绿化事业。这种绿化方法，直接利用植物的特性，绿化效果好，几乎不需要维护管理，是使用最多的方法之一。

在欧洲的老式建筑墙壁上，经常看到爬山虎类藤蔓植物。在韩国，1921年农大学生毕业时，在延世大学最早的近代建筑物墙壁上有种植爬山虎的记录。由此推测，韩国是在1900年代初期，形成藤蔓式墙体绿化的雏形的。

2. 肩支撑

肩支撑由法语的肩膀和古意大利语的支撑单词组成。为了在最小的土地上获得最大的收获，早在古罗马时代就开始运用在果树栽培中。经过数百年的不断改进，演变成为带式栽培木本植物的传统技术。这种技术具有景观和收获双重效果，既可以美化墙壁和围墙，又可以收获水果，广泛被家庭园艺所采纳。该技术把立体的树木转变为带式附着在墙壁或者围墙上，可以做到树木枝叶不重叠，景观效果很好。这种技术要求具备植物管理专业知识，要求丰富的管理经验，一般较难掌握。

上述藤蔓类植物和肩支撑，在欧洲的砖石结构民间墙壁上很容易找到。欧洲的墙体绿化历史悠久，是传统庭院必不可少的要素之一。利用藤蔓类植物和果树进行装饰，是传统田园民居不可或缺的工作，墙体绿化的整体意识很高。

传统的意识与现代科学技术、创造性设计相结合，造就了欧洲在现代墙体绿化技术发展中的主导地位。

二、墙体绿化新技术

20世纪中期开始，城市人口急剧膨胀，高楼大厦、集合住宅、高架路等大量涌现，加上道路和土地的硬化作业，城市逐渐演变成绿色稀少的环境。城市环境与充满绿色的农村和郊外完全不同，随着城市环境的不断恶化，强调绿地的必要性和重要性的呼声也在高涨，而现实的情况是，利用传统方法组成绿地越来越困难。

在城市中间开辟自然绿地，经济上完全做不到。作为绿地补充，在建筑物的屋顶和墙面等人工基层上实施绿化的技术应运而生，并且得到不断壮大，满足多种绿化需求。

在欧洲，传统的墙体绿化技术相对比较自然地与现代绿化技术相融合。在德国，为了迅速从第二次世界大战留下的城市废墟中摆脱出来，开发多种墙体绿化技术，积极推广墙体绿化。绿化成了城

运用钢丝和锚栓的攀爬辅助绿化技术案例（节能环保住宅小区研究团体，绿色居屋 plus，韩国 仁川 松道）

与粘结型绿化不同，运用钢丝和爬山虎可以组成不同形状，便于管理（东京国际展览馆，日本）

市发展的原动力。

在韩国，自 1978 年于宝明博士发表"爬山虎类藤蔓植物墙体绿化方法研究"、1984 年尹平燮发表"墙面造景：绿地空间视觉扩张"、1991 年朴永镇发表"墙体绿化的重要性与对策"等论文以来，对墙体绿化技术研究开发的关心逐渐多了起来，20 世纪 90 年代以后，墙体绿化技术的研究和开发进入实质性的实施阶段。

1. 攀爬辅助材料运用技术

攀爬辅助材料运用技术的开发，和附着性爬山虎植物墙体绿化相比，施工时间大大缩短。

攀爬辅助材料一般采用木材、钢丝、网格状等材料，种植能够缠绕或挂住攀爬辅助材料的植物，使植物向上生长，达到绿化墙面的目的。这种技术无须在墙面上粘结植物，也可以将植物生长限制在攀爬辅助材料范围内。

攀爬辅助材料的使用，大大增加了建筑物的绿化范围，最近已经延伸到阻隔太阳辐射热、减少蓄热、节省空调费用等建筑物的节能领域。

2. 植被基层型墙体绿化技术

攀爬辅助材料运用技术和粘结植物型技术相比，虽有许多优点，但也存在不足之处。主要表现在，初期的绿化效果低，能够挑选的植物品种少等缺点。为了解决这个问题，开发了植被基层型墙体绿化技术，特点是把组件化的板块或袋型花盆上种植的植物，利用挂件、码放等方法实施绿化作业。这个绿化系统不局限于藤蔓类植物，把屋顶绿化中常用的草堆类、花草类、地皮类、灌木类和部分木本

类植物，均可以运用到墙体绿化中，是新型的墙体绿化技术，适用于现代高层建筑室内外任何想要绿化的部位。2000 年以后，以欧洲、美国、日本等国家为中心，该技术开发不断得到发展，适用范围也不断在扩大。

2005 年日本爱知县举行的国际博览会，展示了被称为"原生态呼吸"的植被基层型墙体绿化，引起世界性轰动。

运用网格的攀爬辅助绿化技术案例（科伦斯贝尔格，德国）

独立口袋型可交叉条型绿化技术（韩国）　　板型和攀爬辅助混合型墙体绿化技术案例（日本）　板型和攀爬辅助型相结合的绿色网格组成案例

该墙体高 25m，长 158m，三层屏风结构构成。汇集当时的多种垂直绿化技术，制作成巨大的垂直绿化墙体。这个巨大的生物化学肺功能体，预示着为大气污染和热岛效应等严重的环境问题而苦恼的城市可以得到由植物的光合作用产生的新鲜氧气。"原生态呼吸"采用了板型、条型、口袋型、组合型等 20 多种墙体绿化技术，种植总计 200 余种、10 万株植物。"原生态呼吸"摆脱了单纯的墙体绿化功能范畴，追加了城市微气

候改善功能，模块化的绿化技术扩大了运用范围，是墙体绿化技术的一个里程碑。

　　当时，这个新鲜而巨大的构筑物，显示墙体绿化的可行性和效果，吸引全球眼光，反响热烈，不愧为墙体绿化技术的新的里程碑。

　　在韩国，（株）韩设绿色从 2005 年到 2008 年的三年间，承担了环境部"下一代环境技术开发核心事业"中的"城市立面环境改善——墙体绿化系统开发"课题，研究开发适合韩国环境的攀爬辅助型和绿色板条植被基层型墙体绿化技术并示范应用，为韩国的立面绿化技术的发展和市场开拓，打下了基础。

　　植被基层型墙体绿化技术，初期绿化效果好，适用范围广，容易和建筑土木技术相结合。不过到目前为止，平均费用较高，要求

2005 年日本爱知县世博会"原生态呼吸"构筑物汇集了植被基层型和最新日本墙体绿化技术，通过展览期间的环境影响检测，为绿化设计提供技术数据，为墙体绿化的技术发展，作出了很大的贡献（日本）

2005 年日本爱知县世博会"原生态呼吸"构筑物局部

2005 年日本爱知县世博会"原生态呼吸"构筑物局部

持续的维护管理。现状是，有关维护管理的关心和技术不足，不知如何管理的案例较多。这些问题需要在今后的研究开发中予以解决。与欧洲和日本不同，韩国的冬季寒冷，春季干燥，且干旱期长，运用植被基层型墙体绿化的气候条件很不利，维护管理技术研究非常重要，亟待研发。

三、墙体绿化的进化

墙体绿化除自身的技术发展以外，根据实用方法、与建筑和设计的结合方式等，呈现多种形态。本文通过墙体绿化技术的多种适用案例，简要叙述墙体绿化的进化。

1. 功能性墙体绿化

进入 20 世纪 90 年代，墙体绿化技术发展不仅限于建筑物或者构筑物的装饰作用，而且扩展到墙体绿化本身作为整体功能要素之一的新的适用领域。墙体绿化带来的成荫作用、植物带来的微气候改善、生态效果等作为绿色建筑物指标的案例很多。

1993 年完工的智利圣地亚哥大厦，为了解决夏季高温问题，引入墙体绿化。

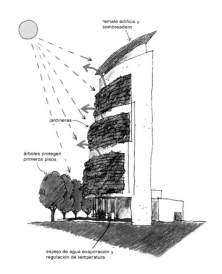

Consorcio——圣地亚哥大厦模式图

Consorcio——圣地亚哥大厦，1993 年，圣地亚哥，智利

（来源：urbangreens.tum-blr.com）

福冈的 arcross 景观使人容易联想为山林

福冈的 arcross 平台：植被长成树丛，难以相信此处是人工基层绿化

首先设置窗帘幕墙，阻止高温的渗透，其次把建筑物正面全体墙壁实施绿化，降低室内温度。绿化下端设置水系，调节植物墙壁的湿度。

日本福冈 arcross 大厦，被巨大的树丛所覆盖，是屋顶和墙体绿化与建筑物完美结合的典型案例。建筑物的南侧，利用连续台阶型庭院绿化，把 13 层高的建筑物还原为巨大的山林。这座经过数年的大厦如今成了众多动植物的生态栖息地，降低了城市的热岛效应，为改善城市环境作出了巨大贡献。

与日本福冈 arcross 大厦类似，2003 年日本大阪完工了"Number Park"大厦绿化工程，在阶梯式人工基层上种植总计 300 余种 7 万余株草木，其中高度超过 3m 的大型树木有 700 余棵，组成了都市里的小树丛。大厦成了大阪知名商厦，每年接待人数近 3000 万人次，商业价值显著，节能低碳效果也很出众。大厦的绿化面积约为 5300m²，初步推算，每年可以节约 26000 kWh 电能，节约燃气 450 万元（日元），碳排放减少 4.4t（《每日经济》，2010 年 4 月 4 日，"Number Park 屋顶绿化，效果大……美观，电费、二氧化碳'猛降'"）。

德国在墙体绿化方面，和雨水管理相结合的例子较多。胡姆博尔特大学建筑物上所做的墙体绿化，作为分散式雨水管理研究试验场，地下设置雨水蓄水池作为墙体绿化植物灌溉使用，充分利用墙体绿化的阻断直射光线的特点以及利用蒸发产生的潜热来冷却建筑物的效果。

又一个巨大的城市树丛：大阪 Number Park 屋顶庭院

大阪 Number Park 建筑内峡谷，溢满墙体绿化

德国胡姆博尔特大学墙体绿化

植物可以净化空气，这是众所周知的常识。最近的研究表明，植物除了通过光合作用净化空气以外，其根茎通过微生物也能净化空气。在加拿大，运用植物根茎、微生物、空调系统等环保技术，净化室内空气的墙体绿化系统很活跃。这个系统是风扇和空调设备与墙体绿化技术相结合的新方法。墙体绿化中的植物不仅为净化室内空气提供最低限度的条件，而且帮助我们高效地利用被净化的新鲜空气。加拿大奎因（queens）大学的应用科技学院建筑

加拿大哥尔普大学生活墙
（来源：livebuilding.queensu.ca）

加拿大奎因大学生活建筑模式图
（来源：urbangreens.tumblr.com）

物被称为"活的建筑物"，利用室内墙体绿化（原生态墙）和大型风扇，组成自动空气循环系统，随时根据需要提供新鲜空气。三层建筑物的所有室内墙壁全部改造为原生态墙，每层设置大型风扇，由原生态墙吸收空气中的污染物，空气质量得到明显提高。

各国都在进一步深入研究墙体绿化的功能和应用。最近以来，从墙体绿化的装饰功能中摆脱出来，围绕节能绿色建筑，侧重节能减排的墙体绿化技术得到普及和发展。

2. 艺术层面的墙体绿化

进入 2000 年，墙体绿化与设计的关系越来越密切，朝艺术的方向发展。

作为先驱者之一，2000 年以后日趋活跃的法国植物学家帕特里克·勃朗在墙体绿化中引入水景栽培，突出其艺术性的设计作品不断涌现。他研究热带雨林和瀑布周围陡峭岩壁无土条件中的植物生存状况，研究的成果和得出的结论认为，点式灌溉系统可以保持湿润状态，完全可以提供植物生长所需物质。他将此概念积极运用到建筑物和墙面等的绿化工程中，使在既有建筑墙体和独立墙上实施植物的覆盖或者粘结成为可能。他在 2006 年完成的法国盖·布朗利博物馆（Musee du Quai Branly），利用多种植物组成装饰华丽的艺术性墙体绿化，为原来相对单一的墙体绿化技术和施工，带来新意。他走出欧洲，面向世界创造许多作品。他于 2010 年访问韩国，受到业界广泛关注，也在韩国留下了他的作品。他的墙体绿化景观组成和模式对韩国影响很大，在韩国利用多种植物和自然模式，实施绿化的案例也

帕特里克·勃朗，法国盖·布朗利博物馆墙体绿化
（来源：www.jeanclaudelafarge.fr）

Athenaeum Hotel 外墙，2009，帕特里克·勃朗
最近作品，位于伦敦海德公园东侧高档住宅区，
采用 260 种总计 12000 株以上植物，共 8 层楼高

在不断增加，相信墙体绿化的艺术化定会不断得到丰富和发展。

3. 新型空间和功能的墙体绿化

随着墙体绿化技术的发展，墙体绿化的空间组成也趋于多样化。2002年完工的瑞士苏黎世 MFO-PARK 工程，是采用钢结构的城市立体绿地空间，在特殊制造的钢丝上攀爬植物，分别组成墙壁、顶棚和柱子。把墙体绿化的应用从装饰空间的主要区域扩展为形成整个空间主体的立面绿化。彻底摆脱以往仅作为建筑外皮的应用范围和方式，大大拓展了立面绿化的应用。

2004 年悉尼未来庭院博览会上，引人注目的"西餐色拉吧"是墙体绿化的又一个新尝试。虽然规模不大，却也是环保型结构物，展示自给自足城市的一个方向。墙面种植各种蔬菜和花草，随时制作色拉供食用或者售卖。把原本仅限于装饰作用的墙体绿化，扩展到具有生产功能的实用化领域。最近韩国国内广泛开展的城市农业运动，也在预示墙体绿化的实用性。

2007 年，在西班牙的马德里，出现了被称为"空气树"的立面

Max Juvenal 桥，Aix En Provence，巴黎，2008

Caixa Forum，马德里，西班牙，2006

图案型墙体绿化（防隔声墙）

MFO 公园（瑞士苏黎世）　　MFO 公园的植物柱子
　　　　　　　　　　　　　　（来源：www.burckhardtpartner.ch）

绿化圆柱形结构物，位于公园里的开放性空间，是利用植物水蒸发温度交换原理制作的，试图缓解马德里的区域夏季高温问题。公园里的乔木尚没有长大，不能形成树荫，试图利用架空起来的高耸圆柱体墙体绿化来顶替树荫。这个系统在圆柱体的内墙面布置植物，圆柱体内温度降低 8~10℃，温度降低效果显著，在炎热的夏季为城市提供新型的乘凉休息场所。

环保色拉吧（澳大利亚悉尼）
（来源：www.turfdesign.com）

"空气树"（西班牙马德里）
（来源：brandavenue.typepad.com）

四、墙体绿化的未来

　　未来的墙体绿化应该是什么样的？虽然还不能轻易回答这个问题，但是从全球性气候变化对应的角度来看，墙体绿化的地位将会占据重要的位置。

　　通过观察最近的若干绿化工程，尽管有的项目还没有进入实施阶段，从中也可以看出墙体绿化的未来发展。

　　从 EDITY Tower（Ecological Design in the Tropics）、Green

Garden Tower for NYC（美国）、Antilla Residence（印度）等工程的透视图上看到，墙面和屋顶绿化的设计焕然一新，已经占据设计领域的核心要素位置。EDITY 大楼 26 层，是集办公、购物为一体的高层建筑物，利用众多桥梁相互连接，规划 50% 墙壁实施绿化，以求达到净化楼内空气、生产原生态气体来替代能源。在室内种植蔬菜等绿色植物，实现一边享受呼吸新鲜空气，一边采摘制作食物的居住生活。

　　随着墙体绿化技术的发展，适用范围的不断扩大，与建筑物的进一步融合，墙体绿化一定会更加丰富多彩。

EDITT 大楼，绿化面积占墙壁的 50%
（来源：www.trhamzahyeang.com）

结论

　　墙体绿化技术通过与建筑、艺术、设计的融合，从单一技术向新的领域迈进，其发展潜力无法估量。韩国由于受漫长的寒冷冬季、干燥的春秋等季节性、气候性特点所限，墙体绿化的持续维护相对困难，成为扩大市场规模和开发相关技术的障碍也是事实。不过，技术上没有克服不了的问题，只要对植物材料和生存环境投入更大的关心和研究，遇到的困难定会迎刃而解。从韩国国内目前的绿化技术发展现状看，相信不久的将来，一定会出现更多值得骄傲的墙体绿化技术和作品。

参考文献

· 郑宰勋（1996），传统韩国园，图书出版 造景 .
· 韩设绿色（2006），立体绿化的环境共生，宝文堂 .
· 韩设绿色（2008），"有关城市人工基层生态系复原的研究"最终报告书 .
· Chris van Ufflen（2011），Facade Greenery，Braun.
· Toyo-Ito（2010，January），A+U，No.472，pp118~123.
· The Vertical Garden（2008），Patrick Blanc，W.W.Norton & Company.
· Ivor Richards（2001），T.R.Hamzah & Yean：ecology of the sky.Images Publishing. Hong Kong.
· Chris van Uffelen（2011），Facade Greenery，Braun.Berlin.
· livebuilding.queensu.ca.
· urbangreens.tumblr.com.
· www.trhamzahyeang.com.
· www.globaldais.com.

墙体绿化设计标准和设计注意事项

李相民　地皮庭院部门长

图1　京釜高速公路

一般的平地绿化都是遵从"适地适所"的概念，首先选择符合当地条件的植物种类（乔木、灌木、地被植物、花草类等），而后进行绿地设计和施工。设计时岩石等造型辅助物都作为美观要素使用。

墙体绿化是在人工围墙、堤坝、建筑物墙面等混凝土墙面和类似于自然峭壁的垂直面上，实施的绿化事业。与平地绿化作比较，除了植物存活，美化环境的角度有类似性以外，其他方面的设计标准要素完全不同。

在垂直面上进行绿化，不是件容易的事情，需要适合的施工方法。要以"适地适所"的概念为基础，选择合适的植被，把握相应的施工方法。立面植物的管理也非易事，需要研讨其管理方法。

一、选择施工方法时的注意事项

墙体绿化的施工方法有，攀爬或者下垂型绿墙法、阳台等处的花坛式挂法、直接在墙上种植植物的生活墙法、诱导树木平面式绿化立面的特殊工法等。

各施工方法的内容将在第二部分详细介绍，本部分着重介绍其注意事项。

在墙体绿化中，根据内容和要求，选择适当的施工方法，如单一的绿化、添加设计因素、附加其他功能等。不同的要求和内容，相对应的施工方法也不同。此外，立面的上下需不需要设置土层，对墙体绿化是非常重要的因素。

类似于路边树木的乔木和亚乔木，从上往下看呈一条绿化带，从正面看呈现绿化整体。这种视觉差可以看做是绿化面的视觉功能。由人工造型物和活生生的植物体组成的生活墙，犹如一幅壁画，美丽而生动。选择何种工法当然要根据需求确定。可见，选择施工方法，必须考虑其观赏效果。

传统的绿色墙施工法，只需在上部或者下部有适量的土层，使用框或者钢丝等攀爬辅助材料，方法相对简单，属于低价型。而在墙面制作植被基层或者粘挂花盆种植植物的生活墙工法，甚至需要精确考虑荷重等因素，方法相对复杂，属于高价型。形成绿色墙后需要持续修整树枝的特殊工法（espalier 法），属于高管理型。

观赏要求度可以划分为高低两部分，观赏要求度低的墙体绿化，可以选择低价型施工方法。

城市道路旁边的防噪声墙壁、高速路周边的隔离带、城铁两侧的墙壁等的绿化，掩盖掉沉重的混凝土灰色，如同"走马观山"般，映入眼帘的是一片片绿波。如果是生活墙，则呈现混合绿色。这种地方只需单一的绿化，选择低价型绿色墙施工法比较适宜。例如，京釜高速防噪声壁上的藤蔓类和永东高速隔离带上的藤树等，在冬季虽多少有些沉重感，不过从出芽的 4 月到枫叶变红的 10、11 月间还是可以欣赏到生动的绿色。

流过城市的河川和邻近的挡墙以及建筑后侧的围墙等处，偶尔也有人光顾，总的说来观赏要求度不高，可以采取单一的绿化方法（图2~图4）。都市中心的建筑物外墙，建筑物内墙等人驻留时间较长的地方，观赏要求度较高，采用单一的绿化方法不能满足需求，应该采取丰富多样的立体壁画方法。观赏要求度高的地方，往往要求较短时间内

图2　良才洞——瓦莲花

图3　大丘市　寿星区政府 —— 常春藤

图4　水原市　河边 —— 金银花

图5　首尔市老年人福利中心

图6　泰国某酒店

达到效果，植物种类的选择不能局限在每平方米50~80棵藤蔓类等方法，应当采取高价型生活墙施工法。室外根据不同区域，通常采用常绿性植物，以求提高较长时间的观赏价值。室内有时也采用下垂型绿色墙施工法（图5），当通过提高植被的密度快速吸收各种污染物、降低噪声、调节室内温度、提高观赏价值等要求时，选择生活墙施工法比较合适（图6）。选择生活墙施工法时，通常都和水系相结合。其优点是：鱼类的排泄物可作为植物的肥料，反过来经过过滤净化的水可使鱼类健康生长。这种循环方法，美国等国采用较多（图7~图9）。

在没有土层或者土层质量难以保证的墙体进行绿化，不宜采用人工基层型绿色墙或者生活墙施工法，尽管观赏度不高也应该采取条框下垂型或者攀爬型绿墙施工法比较适合。

室外楼梯的栏杆台面和高楼大厦的墙面等种植和维护发生困难的地方，尽管观赏要求较高，也可以采取下垂型或者花坛式挂法等绿色墙方法。有的国家设有专门的高处作业队伍，采取生活墙的施工方法（图10）。

绿化立面的特殊施工法适用范围广，在围墙、建筑墙面都可以采用。国外专门栽培用于特殊施工法的树木，应用起来更为简便。由于韩国国内缺乏这种专门业务，主要采取钢丝或者网格状辅助体，种植后需要持续性的修整管理。

二、选择植物时的注意事项

墙体绿化尽管都是利用植物覆盖立面，但是各施工方法差异很大，每个施工方法都要选择相匹配的植物种类。

本部分整体上简单介绍有关注意

图 7 美国的某一案例

图 8 韩国的某一案例（1）

事项，有关植物方面的细节由本篇的第二章作详细的论述。

　　绿色墙原则上采用藤蔓类植物。攀爬型绿色墙采用爬山虎居多，也可以采用被风藤、瓦莲花、常春藤、金银花等植物（图 11）。石楠属类、迎春花、被风藤等常绿植物，虽然生长较为缓慢，如果使用攀爬辅助材料，也能成为较好的绿色墙植物。

　　选择绿色生活墙植物，原则上不用过多考虑植物的生长，由于植被基层空间狭小，松树类直根性植物还是要避免采用。制作绿色生活墙，类似于在垂直面上制作花坛（常绿植物也许能够存活），由于韩国冬季寒冷，应慎重选择绿色生活墙施工工艺。不管采取何种绿色生活墙施工工艺，在首尔能够越冬的植物很少，如石楠属类、常春藤、瓦莲花等植物都不能越冬。在首尔等中部地区选择植物，可以考虑冬季落叶以后的树枝的美观性、残叶变色可观瞻性等因素。选择植物以石楠属类为主，如四季茄、草堆类、蕨类、小花溲疏等岩生植物（图 12）。

图 9 韩国的某一案例（2）

图 10 西班牙马德里 Caixa Forum

在室内选择绿色生活墙，则对温度的要求相对要小，主要把握房间的冷暖程度，在选择植物时有所区别即可。温度相对低的区域（如没有供暖条件的区域）优先选择珊瑚树、八角金盘等亚热带－温带植物，热带、亚热带植物虽然观赏价值高，但不耐旱，冬季容易枯死，一般不宜选择。温度相对高的区域，可以自由选择任何原产地植物。考虑到采光因素，尽量选择阴性植物（图13）。

绿化立面的特殊施工法，其特殊点在于诱导树枝的生长，一般选择容易诱导、枝叶丰盛的乔木类植物。适合的树种有，桃树、梅子、海棠、苹果等蔷薇科果树，容易修剪枝叶的无花类树木，以及柑橘类树木等。果树类树木在诱导树枝时不宜修剪，如果频繁修剪快速诱导成平面型，则光长个不开花，观赏度反而降低。

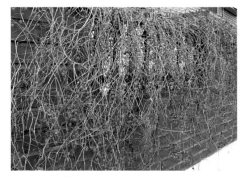

图 11　被风藤

图 12　坝体中的麒麟草

三、维护管理

和植物打交道，比起种植，以后的管理更重要。这是大家公认的定义。与平地绿化管理相比较，墙体绿化的管理复杂得多。

采用绿色墙施工法，要考虑风压的影响。风力强的隧道、高层建筑等处布置下垂型植物，必须设置钢丝绳，以便将藤枝限定在钢绳内。布置攀爬类植物，也要根据墙面特点，设置钢丝绳或者网格状辅助物，以便植物从外向内缠绕，避免植物整体滑落。

采用绿色生活墙施工法，要考虑植被基层的荷重。部分植物枯死的情况，管理起来最困难。施工时必须考虑日后的管理方式，编制管理手册是不错的方法。墙面高度在4m以内，可以用爬梯解决，施工时要留意下部、植被中间等部位放置爬梯的空间是否满足。墙面高度超过4m，需要提升架、高空作业车等设备。工程只要符合规定，各种因素考虑周到，可以长期维持绿化成果。

综上所述，墙体绿化设计，优先选择符合目的地规模和价值的施工方法，根据选择的施工方法确定合适的植物种类，编制维护管理手册，造就较为理想的墙体绿化系统。

图 13　室内绿色生活墙实景

墙体绿化的景观规划

金善惠　韩设绿色附属造景生态环境设计研究所

城市随着高密度开发，有效土地需求越来越大，绿地的组成越来越困难。尤其在地价很高的城市中心，组成绿地的费用很高。利用建筑物和构筑物进行绿化的方式得到认可，通过屋顶和墙体绿化，在组成绿地的同时，节能减排、努力改善城市环境的各种政策和方案也正在研讨试行中。

墙体绿化的现状是，其焦点都放在如何提高节能效果、如何降低城市温室气体、如何防止城市洪水、如何改善城市环境等问题上，如何规划墙体绿化景观问题，尚处于褴褓之中。

墙体绿化其实就是在建筑物或者构筑物垂直面上组成的绿地，可视性很高，对空间、对城市景观产生重要影响，甚至影响到市民的心理，与城市生活质量关系密切。可以说墙体绿化对提高城市纵横景观和环境改善以及提高市民的生活质量效果非常出色。不过如果良好的景观规划没有跟上，反而会降低城市的景观效果，对建筑物等空间带来不良影响。

目前，墙体绿化技术不断得到开发，短期内迅速提高绿化率，降低植物的枯死率，多种树种的运用也都成为可能。但是由于管理上的不足以及个别项目的植材选择不适当，造成绿地效果和景观效果的降低。可见景观规划和日后的维护管理的重要性是显而易见的。进行墙

墙面全部实施绿化，原建筑物的外观设计理念所受影响较大

体绿化，必须把握景观要素和组成方式以及不同植物对景观的影响。

一、墙体绿化的设计必须考虑景观性

事物的形状、色彩、质感决定其设计。墙体绿化也不例外，墙体绿化本身的设计，墙体绿化与建筑物、构筑物等空间的相互关系等，都要充分理解这些要素，通过系统的规划实施设计。

1. 形状

墙体绿化本身没有形态。通过设计，布置一些辅助材料，诱导墙体绿化

通过局部绿化，得到与建筑物的协调和视觉上的安定

构筑物的绿化，将原本城市视觉障碍物改变成城市标志物　　　板条型墙体绿化，应用范围广，设计规划也相对简单

构成某种形态。通过持续的维护或者植物的自然生长发育达到预期效果。一般墙体绿化面积不超过建筑物墙面面积的30%为宜，如果绿化率超过50%或者全部实施绿化，原建筑物的外观设计理念所受影响较大，观赏性降低，有时反而遭到使用者的否定。

建筑物的标志性或者主体性，运用墙体绿化来表现时，必须经过设计来体现墙体绿化独特的形态。这时通过多种形态的立面绿地构思，决定建筑物的外观表现形式。带有曲线型和不规则形态的墙体绿化，要求具备相当的植被基层技术，维护管理要求也高，施工和管理费用要相应增加。

2. 色彩

墙体绿化主要利用植物的枝叶来表现景观，当混合种植开花结果类、多彩枫叶类植物时，虽然季节感很强，但由于观赏期较短，有时难以实现。采用藤蔓类植物，也要通过规划设计，根据树种的不同亮度和彩陶，保持枝叶色彩的变化和统一。例如：明亮的墙面色应

该搭配低亮度树种，给予鲜明的对比效果或者采用相近亮度的植物给予整体统一感。

在景观和形象设计中，采用低亮度枝叶植物，给人的印象是沉重感较多，往往在局部绿化或者混合种植中使用，不宜大面积使用。采用高亮度枝叶植物，给人的印象是轻松明亮，视觉负担小，可大面积使用。不过有时会演变成较为凌乱的空间，这一点需要注意。

通过墙体绿化，体现公司标识和形象，手法上以亮度和彩陶为主，色彩为辅

利用多种园艺树种，提高色彩对比效果，强调建筑物入口形象

利用色彩丰富的花草类，提高视觉效果

利用植被基层的多种色彩，提高观赏性

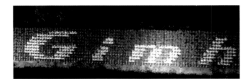

墙体绿化应根据建筑物的色彩选择主树种，绿化面积较大时选择混合种植方式较好。

同一个品种的树种在不同的日照时间其亮度也不同，日照时间较长的地方其枝叶亮度较高，反之日照时间较短的地方其枝叶亮度较低，设计时也应予以考虑。

条形或者板形墙体绿化，具有可选择树种较多、选择面广等特点。通过交叉替换等管理，可以持续保持色彩的一致性或者变化性，利用绿化作企业标识或者图案比较容易，把握色彩要素的特点，得到植物间的对比效果和冬季景观对比效果。

3. 质感

植物的质感是一个相对性因素，主要由枝叶大小和形状决定。叶片较大、枝节较多的植物其质感较粗放，叶子小、形态柔和的植物其质感也较好。这种质感差别是进行对比、强调、统一等设计手段不可缺的重要因素。

墙体绿化的质感对比，主要反映在建筑物和植物间的对比和植物之间的对比。通常建筑面的质感好于植物，利用普通的植物都能做到满足设计要求。当建筑物的外装是粗糙石头或者碎砖时，如果选择质感好的藤蔓类植物进行墙体绿化，可以缓解墙面原有的较强烈的观感。粗放的质感形象一般用作动感强、突出形象的因素，使用过多会引起不安定感。细柔的质感形象可作为背景，给予温柔的情感。

考虑到上述质感差异，墙体绿化常用的做法是，以细柔的质感形象作为背景，以粗放的质感形象作为强调突出形象的因素。帕特里克·勃朗所设计的波提克尔庭院就是一个典型的例子，他利用苔藓和细柔的质感形象植物作为背景，种植多种质感植物，通过对比手法实现墙体绿化。

沿墙面高度采取不同表皮和质感的墙体绿化

在粗放的墙面采用质感好的植物，给予安定感

帕特里克·勃朗运用不同植物的质感差，成功设计动感强烈的墙体绿化

老旧房子通过墙体绿化的面积和厚度，也能
表现漫长的时间流逝，具有历史性景观意义

运用附着板的建筑物绿化，可以有效降低藤蔓类植物
对建筑物的不良影响

利用枫叶类藤蔓植物和常绿植物混合，提高景观效果

二、不同组成方式的墙体绿化景观性

墙体绿化的方式有以下几种：直接绿化墙面的附着型、利用攀爬辅助材料的卷爬行、从上到下的下垂型、利用条板实施雕刻或者局部绿化的方法等。

实施墙体绿化，首先确认绿化目的和景观组成意图，综合考虑绿化对象、绿化面积、管理条件等因素，最后选择绿化组成方式。

无论是建筑设计层面还是节能减排环境层面，墙体绿化设计都应考虑景观因素。通过多种植物的不同组成，体现对比、强调、形象等要素。因此，正确理解绿化组成方式，把握景观性及其意义很重要。

1. 直接绿化

这种方法是在建筑物或者构筑物上，直接种植附着型藤蔓类植物，立面完全被覆盖达到景观效果，需要一定的时间。完全覆盖所需时间长短与藤蔓植物生长速度和生活习性有关，也和墙面的高度和面积以及覆盖厚度等有关。

考虑到覆盖目的、面积、景观等因素，应根据常绿性、落叶性、生长速度等指标，选择植物。例如：爬山虎类藤蔓植物生长速度快，入秋时的枫叶状枝叶很美丽。但是从冬季到春季期间，枝叶掉落，只剩下无色彩树枝裸露在墙面上，景观效果大打折扣。尤其是产自美国的爬山虎类，枝叶较大很好看，但到了第二年开始，其下端不再长出新叶，时间越长年份越多，其下部的裸露处越大，景观效果大受影响。又如松岳类属于常绿科，冬季也呈绿色，但生长速度较慢，达到景观效果需要很长时间，并且对气温比较敏感，当温度较高或较低时容易枯死，适用范围受一定限制。考虑到藤蔓类植物的生长速度和景观效果，采取混合种植方式较为理想，不宜采取单一品种种植方式。

直接绿化时，如果不进行适当的维护管理，枝叶有时进入原本不希望绿化的区域，导致观赏度的下降或者影响建筑物的使用功能。广泛被认为观赏度下降的墙体绿化，大多都是直接攀爬型绿化，并且有时也会因附着处或根基的作用而发生建筑物外皮脱落的现象。

直接在墙面实施绿化时，应该注意防止枝叶伸进门窗，进行适当管理

离地30cm以上部位设置不同的攀爬
辅助材料，提高景观效果

攀爬辅助类绿化方法对建筑物几乎没有影响，根据需要实施局部绿化

在细长的建筑物上实施墙体绿化时，应分段进行绿化，通过攀爬辅助材料实现设计意向

利用攀爬辅助材料，可部分绿化，可调整绿化率

最近以来，不鼓励采用这种直接攀爬型绿化方法，大多采用在墙面上设置附着板的绿化方法。

2. 攀爬辅助型绿化

这种绿化方法，是在需要绿化的高度范围，设置可缠绕支撑带，诱导植物生长的绿化方法。不同的植物需要不同形状的可缠绕支撑带，应结合覆盖速度、开花季节等因素，设计墙体绿化。和附着型绿化方法相比较，攀爬辅助类绿化方法可选择植物品种多，甚至还可以采用园艺树种，可以丰富景观效果。

树枝缠绕型藤蔓类植物，主要沿垂直面向上呈线性生长，在绿化初期，植物之间的缝隙面大多裸露在外。相反地，依靠藤蔓卷须缠绕生长的植物没有方向性，四处自由生长，初期需要人工诱导。

与附着型绿化方法相比较，攀爬辅助类绿化方法对建筑物几乎没有影响，根据需要实施局部绿化。需要指出的是，植物的生长有时可能超出原设想范围，需要修剪等管理。

设计时，由于植物枝叶掉落，必须考虑冬季攀爬辅助支撑带的裸露，支撑带的选择应与建筑物相协调。钢丝绳类支撑带可视性低，隐蔽性好，对裸露的影响也较小。网格状支撑带，有较好的装饰效果，但是木格不宜太粗，因为太粗会影响植物缠绕，不利于植物生长。

设计时，应选择与建筑物相协调的攀爬支撑带，诱导植物生长，保持原有建筑物的自主性，美化建筑物正面，提高建筑物形象。

3. 下垂型绿化

顾名思义，这种方法是从上到下利用藤蔓类或者匍匐性植物实施绿化的

只设置垂直攀爬带，诱导植物垂直向上生长，取得与建筑物外观协调一致的效果

攀爬辅助类绿化方法管理简便。结合使用植被板，可以自由移动，可以先栽培后布置，空间利用灵活

下垂型墙体绿化，可以缓和对构筑物的仰视

无法使用支撑带的建筑物，适宜利用阳台等处实施下垂型绿化

使用支撑带有困难的建筑物，适宜利用阳台等处实施下垂型绿化

方法。大部分藤蔓类植物和伸长型植物都能使用。

下垂型绿化方法通常用于无下部地层或者地层面积不足的地方，绿化面积略小于攀爬型，有时为了造型方面的考虑，和攀爬型并用。

由于下垂型绿化具有引导视线向下的特点，可以缓解高墙的威压感。由于植物向下生长，经过一段时间以后，修剪等管理也简便。下垂长度过长，容易被风摇晃，引起植物损伤，阻碍植物生长，形状也会凌乱，降低景观效果。一般多采用枝叶茂盛、重量相对重的植物，必要时也可以布置诱导或防风支撑物。

4. 板条型绿化

利用藤蔓类植物实施墙体绿化，达到覆盖所需时间较长，有的植物甚至需要若干年。因此，在高层建筑和构筑物林立的城市中心，与想在较短时间实现绿化效果的愿望相矛盾。最近，和植被基层相结合的板条型绿化方法的应用比较活跃。

这种板条具有一定的组合特点，组成小型植被基层，从小型灌木类到园艺树种，多种植物均可以种植，设计不受限制，较好地得到景观效果。由于绿化是由一组组板条组件构成，可以部分替换，也可以通过个别植物替代得到不同景观。无须采用攀爬类或者下垂型，也能在想要绿化的区域实施绿化，也可以组成图片和图案。

板条型墙体绿化可以适用多种植物，景观效果出众

板条型墙体绿化呈水平型，相对安全，替换等管理方便

板条型墙体绿化可以制作多种图片，图片中的图案是蝴蝶形 | 板条型墙体绿化可以在板条上做文章，图片中的板条呈绿色，弥补冬季或者绿化覆盖完成之前的视觉绿色问题 | 粘结在墙面的板条型绿化，板条本身的景观效果也很好

三、使用者对墙体绿化的景观评价

评价墙体绿化景观，因人而异，观点和喜好有差别，基本的共识是，绿化面积 30% 以上。对维护管理也有不同声音，有人认为经过整修显得更干净好看，也有人认为过于人工化。日本把居民对墙体绿化的评价，作了统计分析，结果如下：在植物生长良好的前提下，绿化覆盖率过大或过小得分率都不高；攀爬类植物干净整洁得分高，但过于人工化反而降低喜好度。自然性与人工规划之间的完美协调显得很重要。墙体绿化规划设计，必须以自然与计划协调为基础，通过不间断的管理，使绿化始终处在适当的生长状态。

在韩国，对不同季节的绿化覆盖率，对攀爬辅助型、钢丝绳型、板条型等若干绿化方式，作了喜好调查，统计结果如下。

1. 格子型墙体绿化

植物尚未发芽的 3 月份，对攀爬辅助型墙体绿化作的调查结果是：由于绿色覆盖率很低，都认为审美价值和独创性低，在全部绿化方式中得分最低。主要是人们对格子型建筑物的欣赏效果很低所致。调查结果告诫我们采用这种绿化方法时，一定要充分考虑植物多样

藤蔓类植物属于散漫自由生长类型，没有日后管理，其景观度大大降低 | 过高的绿化率和色彩过于浓重，感觉压抑，其景观度也降低

格子型墙体绿化调查所在地建筑，时间3月份

格子型墙体绿化调查所在地建筑，时间8月份

性等审美因素，力求提高景观效果。混合种植一些常绿树种，有助于提高冬季的观赏度。

植物生长茂盛的8月份，对攀爬辅助型墙体绿化作的调查结果是：认为整洁性和开放性不足。主要是藤蔓类植物覆盖率高，生长自由凌乱所致。调查结果告诫我们在日后必须进行适当的修剪等维护管理，维护树形和绿色覆盖面的整洁，以提高观赏度。

过于整洁的墙体绿化观赏度高，但也存在过于人工化的不足

格子型墙体绿化调查结果统计分析　　　　表1

内容	表现	N	3月		8月	
			平均	均方差	平均	均方差
审美性	繁华—萧条	56	1.55	0.69	3.75	0.77
	轻块—阴沉	56	1.23	0.47	3.59	0.91
	生机—死寂	56	1.45	0.66	3.75	0.94
	明亮—黑暗	56	1.55	0.74	3.73	0.88
	华丽—朴素	56	1.73	0.8	3.46	0.76
	氛围—凄凉	56	1.64	0.8	3.36	0.72
	丰饶—贫瘠	56	1.41	0.6	3.79	0.95
	柔和—粗糙	56	1.89	0.78	3.41	0.85
	动感—静态	56	1.73	0.75	3.38	0.89
	美丽—丑陋	56	1.63	0.59	3.23	0.83
	亲切—陌生	56	2.09	0.79	3.54	0.83
	安定—不安	56	2.18	1.03	3.32	0.81
	平均	—	1.67	—	3.53	—
独创性	独特—平凡	56	2.14	0.92	2.96	0.91
	兴致—厌烦	56	1.73	0.86	3.16	0.89
	整洁—凌乱	56	1.59	0.8	2.36	0.86
	自然—故作	56	2.34	0.96	3.36	1.02
	欢快—不快	56	1.95	0.7	3.25	0.94
	平均	—	1.95	—	3.02	—
整洁性	规则—杂乱	56	2.57	1.08	3.14	0.84
	单一—复杂	56	3.05	1.23	2.68	0.77
	舒适—不便	56	2.02	0.84	3.14	0.92
	平均	—	2.55	—	2.99	—
开放性	轻松—沉重	56	2.75	1.3	2.27	0.84
	开放—阻塞	56	2.57	1.22	2.39	0.82
	平均	—	2.66	—	2.33	—

2. 钢丝绳型墙体绿化

覆盖面积和厚度越小，视觉观赏度越低

调查结果表明，3 月份忍冬草的早期发芽，促使观赏度得分高。认为绿色覆盖率低，有些贫瘠、朴素。而绿色覆盖率较高的 8 月份，认为沉闷，独创性差。因此，采用钢丝绳型墙体绿化，应该选择局部绿化方式或者混合种植方式，必须持续性地进行修整管理。

钢丝绳型墙体绿化调查所在地建筑，时间 3 月份

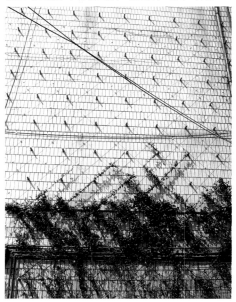

钢丝绳型墙体绿化调查结果统计分析					表 2	
内容	表现	N	3 月		8 月	
			平均	均方差	平均	均方差
审美性	明亮—黑暗	56	3.73	0.7	4.13	0.79
	轻快—阴沉	56	3.39	0.87	3.79	1.07
	动感—静态	56	3.66	0.86	3.75	0.81
	柔和—粗糙	56	3.23	0.66	3.54	0.74
	生机—死寂	56	3.66	0.75	4.25	0.72
	氛围—凄凉	56	3.25	0.84	3.45	0.76
	繁华—萧条	56	3.23	0.79	3.95	0.67
	平均	—	3.45	—	3.84	—
亲近性	亲切—陌生	56	3.29	0.8	3.61	0.89
	欢快—不快	56	3.52	0.76	3.75	0.86
	自然—故作	56	3.23	1.04	3.82	0.96
	舒适—不便	56	3.14	0.72	3.61	0.76
	平均	—	3.29	—	3.7	—
开放性	轻松—沉重	56	3.7	0.83	2.18	0.86
	开放—阻塞	56	3.62	0.91	2.52	0.89
	丰饶—贫瘠	56	2.71	0.99	4.23	0.71
	华丽—朴素	56	2.82	0.96	3.55	0.71
	平均	—	3.21	—	3.12	—
整洁性	安定—不安	56	3.29	1.02	3.52	0.87
	规则—杂乱	56	3.82	1.11	2.93	1.16
	整洁—凌乱	56	3.29	1.07	2.86	1.03
	单一—复杂	56	3.27	0.98	2.86	0.9
	美丽—丑陋	56	2.84	0.71	3.59	0.91
	平均	—	3.3	—	3.15	—
独创性	独特—平凡	56	3.77	0.91	3.41	0.99
	兴致—厌烦	56	3.73	0.75	3.64	0.96
	平均	—	3.75	—	3.53	—

钢丝绳型墙体绿化调查所在地建筑，时间 8 月份

3. 板条型墙体绿化

板条型墙体绿化的调查结果，不论是 3 月还是 8 月，与其他绿化方式比较，都显示较高的景观效果。不过在冬季，尽管审美性没降低多少，还是在贫瘠、沉闷、朴素等方面得分较低。

板条型墙体绿化，一般呈四边形，连接相对简单，可以做出多种组成方式，

板条型墙体绿化调查所在地建筑，时间 3 月份　　　　　板条型墙体绿化调查所在地建筑，时间 8 月份

达到提高景观度的目的。

通过以上分析结果，在实施墙体绿化中，由于冬季和初春的绿化覆盖率低，其景观管理显得尤为重要。必须正确把握建筑物的形状、色彩、绿化组成方法、植物的修剪整理、常绿树种的混合种植等因素，以达到提高观赏度的目的。

以往的墙体绿化，从如何增加城市绿地率的角度考虑的问题比较多，经过多方积极努力，绿化面积也扩大了很多。但由于后期管理没有跟上，成了观赏度下降的成因。从今往后，应当从如何提高景观效果的角度，对待墙体绿化。

在墙体绿化组成初期，应以建筑之间的关系、植物之间的协调与对比为中心，规划景观要素。在组成方式的选择上，不仅要考虑植物生长方面，还要考虑设计层面，与之相适应的管理计划也要跟上。

本章节针对墙体绿化的景观问题，阐述调查分析结果，讨论了解决问题的方式与方法。从深度上讲尚处于基础性知识层面。真诚希望墙体绿化景观研究和设计，不断得到丰富和发展。

板条型墙体绿化调查结果统计分析　　　　表3

内容	表现	N	3月		8月	
			平均	均方差	平均	均方差
审美性	丰饶—贫瘠	56	2.71	0.93	4.39	0.71
	繁华—萧条	56	2.64	1.02	4.2	0.88
	氛围—凄凉	56	2.55	0.93	4.23	0.71
	华丽—朴素	56	2.64	0.94	4.3	0.85
	轻快—阴沉	56	2.79	1.11	4.63	0.56
	欢快—不快	56	3	0.91	4.46	0.63
	舒适—不便	56	2.95	0.82	4.25	0.72
	美丽—丑陋	56	2.68	1.08	4.68	0.61
	生机—死寂	56	3.09	1.08	4.66	0.64
	明亮—阴暗	56	3.07	1.19	4.61	0.56
	柔和—粗糙	56	2.71	0.78	4.16	0.8
	亲切—陌生	56	2.77	0.91	4.11	0.76
	自然—故作	56	2.98	1.07	4.14	1.02
	动感—静态	56	2.93	1.02	4.05	0.98
	兴致—厌烦	56	3.39	1.22	4.61	0.59
	独特—平凡	56	3.54	1.11	4.5	0.74
	安定—不安	56	3.25	0.96	4.21	0.71
	平均	—	2.92	—	4.36	—
开放性	轻松—沉重	56	3.04	0.99	3.52	0.83
	开放—阻塞	56	3.32	1.15	4.07	0.91
	平均	—	3.18	—	3.8	—
整洁性	单一—复杂	56	3.38	0.89	3.14	0.82
	整洁—凌乱	56	3.25	1.08	4.34	0.79
	规则—杂乱	56	3.14	1	4.14	0.9
	平均	—	3.26	—	3.87	—

墙体绿化常见问题和解决方案

金哲民　　（株）韩国城市绿化代表理事

金属网格型墙体绿化（北首尔梦丛林）

在装满人工建筑物与构筑物的城市里，墙体绿化是珍贵的绿化空间之一。与屋顶绿化比较，墙体绿化的绿化面积更容易得到保证，更容易吸引行人的眼球，展现城市美景，作为"看得见的绿化"受到世人瞩目。

墙体绿化的方法从攀爬辅助型绿化，经过复合型绿化，迅速发展到初期能够获得高覆盖率的板条型墙体绿化系统。

如今的墙体绿化已经完全摆脱了单一的绿化概念，从节能减排型建筑外皮角度，从提高建筑物外观形象角度综合考虑并实施墙体绿化，已经引入了具有生态功能的"绿色生活墙"概念。

针对作为生活绿化一员的墙体绿化，有关业界都在研究各种技术要素，努力开发适应高效率绿化方式的产品。研究解决产品的技术问题，不能仅限于产品本身，绿化所处的环境问题研究也很重要。如风（正压与负压）以及风引起的植物干燥，温度的不利点（夏季高温，冬季低温，金属、混凝土、石头、瓷砖、表面颜色等墙体材料的导热与蓄热属性），日照时间和日照量（南面、侧面）等，对墙体绿化的影响很大。

本节以板条型绿化系统所需产品为主要对象，讨论有可能成为标准的通用事项和所用材料以及施工和管理中常见的问题。

第一个问题是确认容许荷重的问题。在实施板条型绿化之前，必须征求受托于建筑业主的结构设计师的意见，获得避免结构安全事故的对策，选择合

金属网格型墙体绿化〔果川·首尔京马公园〕

适的板条型墙体绿化系统。

第二个问题是板条、螺栓、埋件等材料的选择。选择这些材料要考虑耐久性。尤其是在室外，考虑材料的锈蚀和混凝土的水化热，固定板条时的外墙漏水等问题。发现混凝土墙面有裂纹，须先修补，征求技术专家的意见，保证修补后的墙体足以承受板条挂件的荷载。

第三个问题是浇灌设备问题。直接和原有供水管连接时，根据绿化面积和高度，确认原水压满不满足要求。点式浇水必须具备点式自动浇水控件、沿墙面高度的供水主管、沿水平面连接喷嘴的供水支管。当墙高超过 5m 或者水压不足时，还要设置水泵，必要时另行设置水箱。浇水控件由干电池等电源启动，控制浇水次数和浇水时间。使用干电池，要考虑更换时机和分季节浇水周期。要有回水装置，冬季切断控件电源，开启回水系统，排净供水管中的水，以防冻裂。如果冬季也要正常使用供水控件，必须进行供水保温措施。

第四个问题是利用雨水问题。浇水系统再完备，由于市政供水的断水、供水管的阻塞、停电等，有时也会引起自动浇水系统的不启动、异常启动等问题。在板条内设置蓄水层，充分利用雨水是比较理想的解决问题的方法。在设置蓄水层的同时，应该设置雨水溢出排水装置，防止室内地面污染的发生和冬季结冰等现象。这种方

金属网格型墙体绿化（镇海警察署）

墙体绿化用板条细部

法不仅节约用水，维护管理费用也能降低，是今后重要的技术研发发展方向。

第五个问题是板条内的植被基层问题。植被基层在轻量化、保水性、排水性等基本要素下，确保必要的土壤层。墙体绿化与屋顶绿化不同，其发芽率高，所需养分量也大，必要时还要追加养分。板条组件结构应满足如下各种条件：板条组件在气候干燥期间，要防止土壤表面养分层的飞散；遇到暴雨时，要求侵蚀最小化；遇到台风或者城中旋风等极端条件时，也要防止土层飞扬；有助于植被根茎的良好发育；板条自身也要耐风压；先栽培后组装，现场施工要注意安全；要有能防止枯死树木坠落的措施等。要注意土壤层的反复冻融可能引发板条组件的解体。

第六个问题是墙体绿化的方向问题。建筑物的南北面，采光差异巨大，规划墙体绿化时，必须充分考虑这个问题。同时还要考虑冬季绿化率的下降和停止浇水引发的干燥伤害等。

为了提高冬季绿化率，采用板条型墙体绿化时，通常选择混合方式。例如，把麦门冬、常春藤等藤蔓类植物，四季青、黄杨木等灌木类植物，瓦莲花、蓖麻等草堆类植物，玉簪花、四季石竹等草本植物等混合种植。不过，目前可选择的混合方式还是很有限，有必要引入更加丰富的植物物种。培育和挖掘新的植物，以满足冬季绿化率的要求。

第七个问题是室内采光问题。室内的墙体绿化，要考虑换气，解决土壤腐蚀引起的异味排出；考虑苍蝇等引起的虫害；办公室的场合，工作日基本能保持常温状态，但要考虑节假日期间温度（有可能发生夏季炎热、冬季寒冷等温差变化较大的情况）的较大变化引起植物的较大伤害等；必要时设置部分空气调节装置，进行温度调节和换气等作业。

第八个问题是施工和管理问题。固定支撑铁件时，要进行水平、垂直定位，板条发生倾斜，会导致灌水不均匀，造成局部干燥等不良影响。板条布置和灌水设备试车结束以后，临时遮挡板条组件和供水管线，避免被阳光曝晒。

板条内浇水次数因不同系统和不同植物有所差别，大致上春秋每周两次（每月8次以上），夏天每周3次（每月12次以上），冬天条件允许时每月两次左右。基本上每年的浇水次数控制在96次，根据植物种类、南北侧不同方向等具体条件，允许30%左右上下调整。水源可优先选择雨水或者中水，需要注意的是此时需要过滤检验装置，避免水管阻塞。

板条型墙体绿化案例（西草洞，咖啡屋）

设计必须考虑好植物枯死时便于更换，维护管理至少每月进行一次。修剪和去除杂草次数大致是每年两次，枯死的植物应随时发现随时更换，避免影响景观。养分供应采用高效肥料，每年施肥 1~2 次，保证植物生长旺盛。

要有防治病虫害的对策，通常选择初春和晚夏，每年 2~4 次喷药，作为预防。墙面对植物的生长，不是理想的

环境。选择的植物根茎必须发育良好，移种之前先做好防病虫害措施。黄杨木很容易招致虫害，必须引起注意。

美丽的景观离不开精心的维护。初期的维护很重要，植物在初期的稳定与否，不仅影响日后的景观效果，而且还可以有效抑制杂草的侵入。

施工结束以后的 4 周左右时间，需要实施"安定化支援"维护管理，之后可以移交房东或者专业管理部门作日常维护。

当墙体绿化邻近市政道路，植物在冬季易受到氯化钠等盐类的伤害，直接连接市政供水系统有困难或者供水量不足时，应该设置水箱（水池），保证植物用水，注意防止水箱在冬季冻裂。

墙体绿化是高空作业，包括日后的管理，要有对应的安全对策。墙体绿化已经演变为要求高标准管理的庭院文化范畴，要求参与墙体绿化的所有从业者协同作战，反之如果设计者、制作者、施工者各自单打独斗，不仅达不到这种高要求，而且连原先的设想和原型都难以维持。

板条型墙体绿化案例（GS 公寓，小卖店）

板条型墙体绿化案例（G-wave 公寓）

韩国墙体绿化制度现状

吴忠贤　东国大学　原生态环境科学科教授

一、墙体绿化制度概述

1. 墙体绿化制度的制定背景

1970 年以后，韩国的城市化也得到快速发展。结果是，市民可享受的绿地越来越少。为了解决这个问题，曾经实施公园绿地扩充等多种城市绿地扩充事业。但是，高昂的地价、难以寻找可作为绿地的空间等问题，限制了自然绿地的扩充事业。为此，以首尔市等大城市为中心，利用屋顶、墙面等人工基层实施绿化的事业迅速发展起来。

城市化快速发展以前，作为造景技术之一的墙体绿化，在提高观赏效果、遮掩与包装、降低温度、保护墙面等方面，也有一定程度的应用。东西方传统造景中经常看到的如植物围墙、爬山虎绿化等都是鲜明的例子。

如今的墙体绿化，主要针对的是，解决城市化带来的绿地不足和改善城市环境问题。最近，诸如连接城市的生态轴等生态建设领域，也有墙体绿化的身影。为了体系化地推进绿化事业，1990 年以来，韩国环境部、国土海洋部、地方团体为了更有效地援助和运用，相继出台了多个标准、方针和实施条例。

2. 墙体绿化的法定定义

1998 年 6 月，韩国环境部制定了《城市建筑物墙体绿化指针》，这是在韩国最早专门针对墙体绿化制定的指针。指针中的墙体绿化定义是："在建筑物的墙面、各种围墙、防噪声壁、混凝土围挡等的垂直面和斜面，引入植物实行绿色覆盖"。后来的开发研究和相关制度条例都引用此定义。

韩国国土海洋部的墙体绿化定义是："所谓墙体绿化就是在建筑物或者构筑物上，利用植物实施全部或局部绿化覆盖"。

首尔市的墙体绿化定义是："在建筑物的墙面、围墙、防噪声壁、混凝土围挡等的垂直面和斜面，利用植物材料进行覆盖，使之呈绿色"。和韩国环境部、国土海洋部的定义基本相同。

其他各地方政府和团体出台的条例中，对墙体绿化的定义如下：金山光驿市西区出台的《屋顶绿化等奖励及援助条例》中，对墙体绿化的定义是："墙体绿化就是在建筑物或者构筑物上，利用树木或者花草进行覆盖"。仁川光驿市东区出台的《屋顶绿化等建筑物景观组成的奖励及援助条例》中，对墙体绿化的定义与釜山光驿市西区的定义完全相同。

综上所述，墙体绿化的定义，从韩国环境部、国土部等韩国中央政府到地方政府团体，基本没有区别。韩国环境部对墙体绿化的定义，其内容比较全面，概括性比较好。

二、韩国现行法律制度下的墙体绿化

1. 韩国建筑法以及造景标准

依据韩国建筑法，韩国国土海洋部制定的"造景标准"（部令第 2009—35 号文件）中，对墙体绿化作出如下规定：

第 12 条（屋顶造景面积计算）屋顶造景面积按下面规定计算：

（1）离地面 2m 以上的建筑物或者构筑物屋顶中，按植物和造景设施实际所占面积计算，其中仅有花草类和地被植物时，按照植物所占面积的一半计算。

（2）离地面 2m 以上的建筑物或者构筑物墙面使用植物覆盖时，按照覆盖面积的一半计算。对直径大于 4cm 的树木，可按 0.1m²/棵计算，但累计不能超过覆盖面积的 1/10。

2. 韩国环境部《城市建筑物墙体绿化指针》

1998 年，韩国环境部制定的《城市建筑物墙体绿化指针》中，对墙体绿化的目的作如下规定。

1）制定指针的目的

—— 城市的绿地具有净化空气、降低噪声、调节气候、提高景观、提供生物栖息地等功能。当今城市，人口的集中导致建筑物、构筑物的增加和绿地空间的减少。

—— 作为绿地空间的土地有限，即使有合适的土地，也因高地价，作为绿地空间存在诸多困难。利用墙面进行绿化，不失为一种高效率利用空间的城市绿化方法。

—— 立面具有视觉上的优势，随着建筑物的高层化，其立面面积也在增大，对提高城市景观和增加绿地空间很有意义。墙体绿化用较低费用丰富城市空间，具有长时间的节能环保效果。各大行政公署和公共服务机关应优先实施墙体绿化。

2）指针的性质

—— 提高国土的自然性和舒适度，营造人与生物和谐共存，是"国家绿色网络规划"的具体体现，为各大行政公署和公共服务机关以及公共构筑物等的墙体绿化，提供使用指针。

—— 将墙体绿化过程划分为绿化可行性研究，绿化计划的确立、实施施工、维护管理等阶段，整理出绿化标的空间、植物、绿化方法等的基本留意事项。

3）使用指针的注意事项

—— 根据绿化目的（景观、隔声、节能等），选择最适合的绿化方法，鼓励选择多种植物的绿化方法。

—— 在墙体绿化事业的实际操作中，建议征求造景、植被等方面的专家和专业机构的意见。

—— 为了激发设施所有者和管理者自发参与热情，应当确立教育和广告宣传计划（绿化效果、方法、维护管理等）。

绿色建筑生态面积率计算用各空间比重 表1

序号	空间类型	比重值	说明以及举例
1	自然地面绿地	1.0	自然地面自生自长的绿地
2	水空间 / 透水功能	1.0	可渗透地下的水空间
3	水空间（阻隔水）	0.7	不可渗透地下的水空间
4	人工基层绿地不小于90cm	0.7	土壤厚度不小于90cm
5	屋顶绿化不小于20cm	0.6	土壤厚度不小于20cm运用屋顶绿化系统
6	人工基层绿地小于90cm	0.5	土壤厚度小于90cm
7	屋顶绿化小于20cm	0.5	土壤厚度小于20cm运用屋顶绿化系统
8	部分铺装	0.5	50%以上可种植植物
9	墙体绿化	0.4	墙面或者围墙（围挡）绿化
10	全面透水铺装	0.3	空气和水可渗透地下的铺装，植物无法生存
11	缝隙透水铺装	0.2	空气和水通过缝隙渗透地下的铺装
12	自流、渗透设施连接面	0.2	与可渗透设施连接的铺装
13	铺装面	0.0	空气和水不可渗透地下的铺装，植物无法生存

3. 韩国《绿色建筑认证标准》

根据韩国《建筑法》第65条第4项，韩国国土海洋部制定《绿色建筑认证标准》。认证标准规定，把墙体绿化的生态外部空间以及建筑物外皮生态功能等内容，用生态面积率指标来确定。具体地说，墙面或者围挡的绿化面积用作生态面积时，要乘以0.4的系数（参见表1）。

生态面积率的计算方法是，把土壤功能改善、微气候调节以及大气质量改善、水循环功能改善、动植物栖息地功能改善等因素，进行生态功能（自然循环功能）定量评价，从而达到高质量地改善目的地环境和根本性地解决城市生态问题。计算时，首先区分不同生态价值的空间类型，对各种空间类型赋予不同的比重，叠加各空间类型的生态换算面积，除以全部用地面积。计算公式为：

生态面积率 = 自然循环功能面积 / 全部用地面积 = Σ（不同空间面积 × 比重值）/ 全部用地面积 ×100%

4. 生态面积率制度

生态面积率引用德国柏林使用的"原生态面积要素"制度，经过适当的调整而成。首尔市率先引入该制度，并于2004年在公共领域使用。之后韩国环境部将这个指标作为新城市规划环境审查指标，最后用作绿色建筑认证指标。预计生态面积率的应用范围将会不断扩大。

首尔市在2004年运用的生态面积率制度具体如下：

自2004年7月开始使用生态面积率评价公共机关绿化事业。将总用地面积中，按照不同类型的空间比重值，计算可自然循环土壤面积。规定没有门窗的建筑外墙或者围墙（围挡）高度最高计入10m，将比重值定为0.3（绿色建筑认证标准中为0.4）。详见表2。

首尔特别市生态面积率计算用各空间比重   表 2

序号		空间类型	比重值	说明	举例
1		自然地面绿地	1.0	没有受到破坏的自然地面绿地原生态开发成为可能	具有自然生态地面的绿地
2		水空间（可透水）	1.0	位于自然地面上部，具有透水功能	具有透水功能的生态莲花池等
3		水空间（不可透水）	0.7	位于自然地面上部，不具有透水功能	作防水处理的生态莲花池等
4		人工基层绿地 大于90cm	0.7	土层厚度大于90cm的人工绿地	地下停车场上部、地下室上部等
5		人工基层绿地 小于90cm	0.5	土层厚度小于90cm的人工绿地	地下停车场上部、地下室上部等
6		屋顶绿化 大于10cm	0.5	土层厚度大于10cm的使用屋顶绿化系统的空间	低管理轻量型屋顶绿化
7		部分铺装	0.5	空气和水可渗透，铺装植物可生存	草坪堆木板或铺石
8		墙体绿化	0.3	无门窗墙面或围墙高度最高计入10m	墙面或者围墙的绿化空间
9		全面透水铺装	0.3	空气和水可渗透铺装，植物不可生存	利用鹅卵石、砂子等可透水铺装
10		缝隙透水铺装	0.2	空气和水通过缝隙渗透地下的铺装	有缝隙的地面砖铺装
11		渗透设施连接面	0.2	与可渗透设施连接的铺装	无绿化屋顶的与渗透设施连接的空间，自流屋顶
12		铺装面	0.0	空气和水不可渗透地下的铺装，植物无法生存	混凝土、沥青铺装，无透水基层的透水铺装

来源：首尔特别市城市规划局（2004年6月）生态面积率城市规划适用篇。

首尔市的生态面积率适用于藤蔓类，也适用于组装型和下垂型以及最近开发的建筑外皮全面绿化方法。认定范围是：藤蔓类为计划生长诱导范围但总高度不超过10m，下垂型为植物可生长长度范围，组装型为全部设置面积范围但植物为草坪或草堆类时仅计入实际绿化面积范围。

5. 有关韩国国土规划以及法律适用和地方单位规划

韩国国土规划以及法律适用规定：墙体绿化标准纳入"地方单位规划指针"，采取与《绿色建筑认证标准》相同的内容。

6. 韩国各地方政府团体的墙体绿化条例

2002年，首尔市出台的《首尔市绿地保存以及绿化推广条例》，对墙体绿化中采用的树木、鲜花等景观材料，规定如下援助和补助。

1)《首尔市绿地保存以及绿化推广条例》(部分)

第九章 绿化援助、奖励

第34条（绿化援助）

（1）在以下各工程的造景设施中，凡是被认定为有助于城市绿化景观的工程，政府可以提供一部分树木、鲜花，对有绿化协议合同的土地优先援助。但依据《住宅建设促进法》第31条和《建筑法》第32条，必须实施的造景绿化不在援助范围。

①道路、墙体绿化，村庄公共绿化区域。

②学校、军队、公共机关、住宅小区等需要重点绿化的区域。

③各区、事业团体申请的绿化事业。

④上述①~③项中，被认定为有助于城市绿化景观的工程。

（2）政府将公益事业者捐赠的树木用于绿化事业。

第35条（屋顶绿化等的援助）

（1）市长对公共建筑所有者（包括管理者）实施的屋顶、围墙、窗台、花坛、墙体绿化，在预算范围内给予一定的补助金。但依据《住宅建设促进法》第31条和《建筑法》第32条，必须实施的造景绿化不在补助范围。

（2）拟实行第1项绿化的建筑所有者（包括管理者），必须按规定提交书面绿化计划书。

（3）屋顶绿化等具体援助对象和范围及标准另行规定。

2004年，釜山光驿市出台的《绿化保存以及推广条例》，在第九章（保证绿化事业费用及绿化援助、奖励）中规定：除法定义务以外，被认定为有助于城市绿化景观的工程，政府可以提供一部分树木、鲜花或者部分事业费。绿化事业包括道路、村庄公共绿化、墙体绿化等工程。

2)釜山光驿市《绿化保存以及推广条例》(部分)

第九章：保证绿化事业费用及绿化援助、奖励

第22条（绿化援助）

在以下各工程的造景设施中，凡是被认定为有助于城市绿化景观的工程，政府可以提供造景材料或一部分事业费，但有法定义务必须实施的造景绿化不在援助范围。

（1）道路、墙体绿化，村庄公共绿化事业。

（2）学校、军队、公共机关、住宅小区等需要重点绿化的区域。

（3）上述（1）、（2）项中，被认定为有助于城市绿化景观的工程。

之后，大邱光驿市、仁川光驿市、京畿道等地方政府团体也都相继制定了墙体绿化援助条例。

3)《大邱光驿市造景管理条例》

（部分）

第五章　绿化援助、奖励

第16条（绿化援助）

（1）除《建筑法》第32条规定的义务以外，在以下各工程的造景设施中，凡是被认定为有助于城市绿化景观的工程，市长可以提供一部分树木、鲜花等造景材料和部分事业费用。

①围墙、墙体绿化，村庄公共绿地等处种植树木。

②在建筑室外空间，设置多重利用性造景设施。

③上述（1）、（2）项中，拆除围墙等可以认定为有助于城市绿化景观的工程。

（2）市长将公益事业者捐赠的树木用于绿化事业。

4)《京畿道绿地保存条例》（部分）

第四章　绿化援助、奖励

第17条（绿化援助）

（1）除各种法律规定必须执行的义务以外，在以下各工程的造景设施中，凡是被认定为有助于城市绿化景观等公益性功能的工程，政府在可能的范围内，提供树木、鲜花等造景材料和部分事业费用。

①道路、墙体绿化，村庄公共绿化区域。

②学校、军队、公共机关、住宅小区等需要重点绿化的区域。

③建筑物或者室外设置民众可利用造景设施。

④其他被认定为有助于城市环境和景观的绿化事业。

（2）（1）项所列援助对象和范围另行规定。

第18条（屋顶绿化等援助）

（1）道知事对民间或公共建筑所有者（包括管理者）实施的屋顶、围墙、墙体绿化，在预算范围内给予补助金。但依据《建筑法》第32条等，有义务必须实施的造景绿化不在补助范围。

（2）拟实行第（1）项绿化者，必须向有关机关提交绿化计划书。

（3）屋顶绿化等援助对象和范围另行具体规定。

三、国外墙体绿化制度

1. 日本的墙体绿化制度

2001年8月，日本以各地方团体提出的"绿色基本规划"中的绿化重点地区为对象，修改《城市绿地保存法》，提出绿化设施设置规划认证制度。用地面积1000m^{2}以上的建筑物，在屋顶、墙面、花坛等处设置绿化设施时，可以向地方政府团体提交绿化设施设置规划，符合一定条件（如绿化率超过用地面积的20%等）的项目可以得到认证。得到认证的项目可以得到绿化设施费用的一半费用，固定资产税五年间可降低至一半。经过认证的绿化设施，当居民共同使用时，由绿地管理机构负责管理。2004年将《城市绿地保存法》改名为《城市绿地法》，其内容更为严格，完善了地方公共团体的行政执法。

2000年，东京都制定了《东京地区自然保护和恢复条例试行规定》和《东京都绿化指南》，具体指导新、改建工程绿地绿化和屋顶等建筑物绿化事业。东京都管辖各地区相继出台了有关绿化义务、普及

划分	机关	特点
义务制度	涉谷区	用地面积超过 300m² 的建筑工程，制定绿化规划书
	新宿区	用地面积超过 1000m² 的建筑工程，除地面绿化外，建筑物绿化义务
绿化面积计算制度	北区	绿地面积和墙体绿化面积均认定为标准面积
	世田谷区	绿地面积 20% 以上、绿地空间 30% 以上、墙体绿化的 1/2 认定为绿化空间
	港区	墙体绿化面积的 3/5 认定为绿化标准面积
	武藏野市	用地面积超过 200m² 时绿化率 20% 以上，墙体绿化高度 = 绿化高度 ×0.6m
	宫崎市	墙体绿化面积认定为绿化标准面积
绿化费用融资制度	葛饰区	包括墙体绿化面积超过 5m²，推荐金融机关融资，信用保证金部分利息补贴
绿化税减免制度	国土交通省	包括墙体绿化的绿化设施，固定资产税课税标准 5 年间降低至 1/2
绿化费用援助制度	国土交通省	包括墙体绿化在内，追加补助地方政府补助额的 1/2 以内，补助绿化事业费 1/3 以内
	东京都公园协会	包括墙体绿化在内，补助一部分社会福利设施、医院工程费
	北区	每平方米墙体绿化援助 5000 元（日元）
	江东区	30 万元额度下，援助一半（< 5000 元 /m²）。用地面积超过 300m² 的建筑工程，绿化率超过应绿化面积 20% 以上，超过部分的墙体绿化补助 2000 元 /m²（上限 40 万元）
	涉谷区	
	衫并区	包括墙体绿化在内，绿化面积超过 3m²，墙体绿化补助 5000 元 /m²（上限 40 万元）
	品川区	包括墙体绿化在内，绿化面积超过 1m²，实施绿化补助（上限 30 万元）
	中央区	包括墙体绿化在内，50 万元额度下，补助 50% 绿化事业费
	千代田区	10 万元额度下，补助墙体绿化费用的一半或者 5000 元 /m²（取两者较小值）
	大阪府	援助绿化所需经费的 1/2 以内费用
	熊本县	邻近道路墙体绿化，补助 50% 或 1000 元 /m²（上限 5 万元）
	伊势川市	10 万元额度下，墙体绿化补助 5000 元 /m² 或者绿化总费用的 1/2（取两者较小值）
	尾田市	绿化重点区域的每延米墙面种植 5 条以上常绿藤蔓，按 1000 元 /m 以内计算，补助绿化总费用的 1/2（上限 10 万元）
	大阪市	补助植物费用的 50% 以内
	冈崎市	商业街区种植常绿藤蔓实施绿化，补助设置费的 2/3，1 万元 /m² 以内（上限 50 万元）
	冈山市	公共道路边围挡绿化高度 5m 以上，补助部分费用，1500 元 /m 以内（上限 3 万元）

义务、补助费用等绿化实施细则，具体指导和推进绿化事业。

2. 德国的墙体绿化制度

德国柏林为了防止城市被混凝土包围，提出原生态面积要素（韩国的生态面积率也由此引入）的法定尺度，作为亲环境要素于 1977 年首次在莫阿比特岛区域开始使用，如今运用覆盖了全柏林。原生态面积要素是有效生态面积和全部绿地面积的表面积比率。这种亲环境要素作为土地规划的一种方法，可以保留植被区域或者补偿生态系统其他功能。和建筑上常用的容积率、建筑密度一样，亲环境要素也充分具备原生态

德国生态面积率使用标准

表4

地面类型	比重值	类型说明
完全封闭的用地	0.0	空气和水不能渗透铺装，植物不可生长，如：混凝土地面，沥青地面，不透水基层
部分封闭的用地	0.3	砂子和碎石基层，通常无植物生长，如：透水性地面，有缝隙的地面砖
半开放地面材料	0.5	空气和水能渗透铺装，植物可生长，如：草坪堆、木板或块石铺装
人工基层绿地	0.5	土层厚度 80cm 以下的人工基层，如：地下停车场上部，人工基层绿地
人工基层绿地	0.7	土层厚度 80cm 以上的人工基层
与自然地连接的绿地	1.0	无损伤自然绿地，动植物可栖息地
雨水可渗透屋顶	0.2	雨水经过屋顶绿地，可进入地下水系统
墙体绿化，最多计入10m高度	0.5	无门窗墙面，最多计入 10m 高度
屋顶绿化	0.7	粗放型或集约型管理屋顶绿化

来源：BFF Berlin。

有效面积要素，可以说是标准化的制度。由于原生态有效面积要素通常均适用于造景领域，在城市使用原生态有效面积要素，可以提高绿地总量。

原生态有效面积要素中，绿地的各个组成部分根据其拥有的生态价值表现不同的比重值。例如：墙体绿化的比重值是 0.5，比韩国采用的 0.3~0.4 要高，认为墙体绿化的生态价值高，其生态价值相当于土层厚度 80cm 以下人工基层植被空间，或者与草丛堆半开放地面相当。

四、韩国墙体绿化制度发展方向

1990 年以后，韩国在积极促进城市生态体系复原和提高城市景观事业中，认识到墙体绿化的重要性。为了提高墙体绿化的普及率，政府的行政方面也下了很大的功夫。努力方向大体上可以分为两种，第一种是以地方行政团体为中心，对实施墙体绿化的当事方，提供材料或资金；第二种是在空间规划中引入生态面积率。第一种方法是日本采用的方式，第二种方法是源自德国的符合国情的韩国采取的方式。

与日本和德国使用的方式和深度相比较，韩国尚有一定距离。日本非常具体地划分实施内容和相应措施，如一定资金的援助奖励、金融机构的贷款推荐、补助资金的限度、面积的计算规定等，很详细，很具体。韩国的情况是，各地方行政团体规定：实施墙体绿化，可以援助一定资金。这种笼统宣言式条例应该纠正。条例上必须具体写明援助资金数额，当然资金数额必须先经过统计测算，恰当地反映实际情况后确定。只有这样，墙体绿化事业才能得到普及。

德国是以联邦自然保护法的形式，也就是国家的形式明确生态环境规划手段和方法的，要求严格。如墙体绿化的比重值的规定比韩国高出许多。韩国的情况是，各地方行政团体制定的绿化比重值各不相同，生态环境规划手段和方法尚处于萌芽状态。生态环境规划手段和方法不能依据建筑法或者环境关联法，应该自成体系，成为独立的法律形态。

综上所述，在墙体绿化方面，韩国需要走的路还很长，困难也很多。但是不管怎样，还是要面对城市化的加速发展，对市民改善城市环境的迫切要求，作不懈的努力。随着韩国制度的不断完善，相信墙体绿化事业会得到更快、更好的发展。

参考文献

· 韩国国土海洋部，2009，造景标准.
· 韩国国土海洋部，2010，绿色建筑认证标准.
· 首尔市，2004，城市规划中运用生态面积率研究报告.
· 沈尚姬，2005，国内外墙体绿化现状及制度研究，首尔梨花女子大学硕士论文.
· 李恩姬，1997，墙体绿化是改善城市生态环境体系的对策，首尔梨花女子大学 自然科学论文集 9 号.
· 韩胜浩，2006，墙体绿化的制度改善以及组成方向的研究，韩国环境复原绿化技术学会会刊 9 卷 2 号.
· 韩国环境部，1998，城市建筑物墙体绿化指南.

Gree

　　墙体绿化始于古代传统的构筑物覆盖植物——爬山虎等藤蔓植物，发展到今天其种类和内容非常丰富。随着相关技术的迅速提高，从攀爬辅助材料型扩展到设置灌溉设施和植被基层，植物直接沿墙面生长等类型。

　　本章收录并整理攀爬型、下垂型、墙面布置型以及其他园艺造型等墙体绿化的特点、施工及管理方法，较为详细地介绍各类型的设置条件、植物选择、土壤条件等大家关注的问题。本章内容均出自多年从事墙体绿化的技术专家的笔下，供造景园艺从业者以及广大读者参考。

n Wall

不同类型的墙体绿化形态和特点

张成颀：Eco&bio（株）

在韩国，虽然可以看到若干有关墙面类型的论文，总的来讲还没有明确划分墙体绿化的类型，如何正确地表达和进行划分值得讨论。按照植物种类、绿化对象、绿化方法来划分，墙体绿化大致可以划分为攀爬型（倚靠墙面向上的类型）、下垂型（沿墙面向下扩展的类型）、墙面布置型（墙面附着类型）、墙前型等四种类型。攀爬型还可以细分为自行向上生长的吸附型和利用攀爬辅助材料生长的攀爬辅助型，下垂型也可以细分为沿墙面自然向下类型和利用墙面上设置的支撑物向下生长类型，墙面布置型也可以细分成板型、板条型、附着组件型、苔藓组件型、块堆设置型等类型，墙前型也可以细分为园艺造型和树木排列型。有时，根据绿化对象和绿化方法，其称呼也有不同。有的工程还可以将几个类型混合使用。

本文围绕国际上采用最多的墙体绿化类型，阐述其形态和特点。

附着型爬山虎墙体绿化

一、攀爬吸附型

这种类型不仅在韩国，在世界范围内，其使用也是最多的墙体绿化方法。所谓吸附性植物就是，植物在生长过程中，在其树枝上长出副根也就是吸附根或吸附盘与墙面相连接，可支撑植物继续向上生长。具有这种特性的植物有爬山虎、常春藤、瓦莲花、石血、凌霄花等。把这些植物直接种植在墙下地面或者板型人工基层的方法就是攀爬吸附型墙体绿化，通常多使用在建筑物的墙面、围墙、防声壁、混凝土围挡等处，当墙体表面凹凸不平或者粗糙时，植物更容易生长。

攀爬吸附型墙体绿化，没有攀爬辅助材料，施工简单、工期短、管理方便、管理费用小。在下面没有植被土层的围墙或围挡，还可以采取下垂型方式，也能进行墙体绿化。

攀爬吸附型墙体绿化的缺点是，季节局限性、自由扩张性、生长缓慢性、可选择植物种类不多等。例如使用最多的爬山虎植物，属于落叶性植物，秋季展示美丽的枫叶景色，冬季只剩下无色树枝。植物生长没有约束，自由散漫，得不到想要的效果，生长期比较长。墙面的表面温度高或者比较光滑时，植物向上生长受限制，绿化相对困难。

二、攀爬辅助型

攀爬辅助型墙体绿化，根据辅助材料的形状和材质，可以划分成钢丝绳型、网格型、线性、格子型、木材型等多种。这种方法可选择植物种类较多，攀爬吸附型植物均可以使用，还可以选用葡萄、葫芦、荆棘、棉桃、金银花、藤树、紫葛、木通等种类较多的植物。本节着重介绍韩国常用的、技术相对成熟的钢丝绳型和金属网格型墙体绿化。

1. 钢丝绳型

这种方法采用的材料是不锈钢、铝合金、镀锌钢丝、带塑料皮钢丝等，管理可行时，也可以使用木材、竹子、塑料制品等。架设方式是距墙面 3cm 左右，两端固定在墙面上。与墙面保持一定的距离，主要考虑避免直接吸收墙面的辐射热。在墙下人工基层土壤或自然地面种植的植物，沿着或者缠绕着钢丝绳生长。适用于各种形状的墙面和角落，适用范围比较广，施工费用也相对低廉，是经常采用的绿化方法。

钢丝绳的布置方式可以自由调节，可以制作成方形、菱形、格子型等形状，提高绿色景观效果。底层架空的建筑物，采用这种绿化方法，观赏效果非常好。

国外，用于这种方法的材料很细，最大限度地避免吸收辐射热。材料表面尽可能粗糙，有助于植物生长。在门

窗和换气口等处设置防植物伸进设施，材料距墙面距离也是控制在 3cm 左右。

目前，普及和扩大钢丝绳攀爬辅助型墙体绿化面临的问题是，保证多种植物的及时供应、研究藤蔓类植物的生长速度和叶子大小等特性、开发适用于各种组成形状的钢丝绳组合类型、研究制定钢丝绳间距等。

钢丝绳型墙体绿化

2. 金属网格型

金属网格攀爬辅助型墙体绿化所使用的金属网格，由金属网格、网格固定件、网格连接件组成。网格材料主要使用不锈钢、镀锌薄钢板等材料，网格形式有单一型和复合型等多种形式。施工选择上，可以单独使用网格，也可以与攀爬组件或板型植被基层统一起来使用。根据需要事先在网格上形成一定量的绿化以后再移到墙面，也可以根据需要调整绿化面，施工相对简便，是最近以来使用率逐渐增加的墙体绿化施工方法。

目前在韩国国内，与植物的种类和节间生长长度相对应的网格间距、材质、形式以及适用方法等的研究较少，可选择的种类和形式不多。必须加大这方面的研究，开发适合植物生长的各种网格和网格复合体，提高早期绿化效果，为金属网格攀爬辅助型墙体绿化的普及作贡献。

金属网格型墙体绿化

三、下垂型

下垂型墙体绿化，是在墙面的顶部或中部，利用板或花坛做植被基层，种植常春藤或金银花等藤蔓植物，并使其向下生长的绿化方法。可以利用支撑材料诱导植物生长，组成希望的绿化形状。具有吸附功能的植物也可以贴着墙面生长。以德国为首的欧洲，很早就开始使用这种绿化方法，很多住家的阳台、露台经常见到这种绿化形式。

下垂型墙体绿化

四、板状型

板状型墙体绿化，是在没有自然植被基层的地方，利用板状物或花坛作为植被基层，单独使用或与网格等攀爬辅助材料连接在一起形成绿化的方法。分阳台型和墙面设置型两种方法，阳台型绿化方法是在阳台（露台）设置板状物当做植被基层，种植的植物可以是向上或者向下生长。当设置大型板状物时，绿化可以长时间形成一大片。墙面设置型绿化方法，是板状物植被基层与墙体组成统一体的绿化方法。和钢丝绳或网格或攀爬板等攀爬辅助材料一并使用，

可以得到想要的绿化形状和效果。板状物不宜过大，过大会加重墙面压力，有可能引起结构问题。通常在矮墙面、围挡、小型绿化等处使用。除藤蔓植物以外，花草类和灌木类也能使用，植被基层最好选用重量轻、保湿性较好的轻量型人工土壤。为了加强室内的空气净化，提高景观效果，改善室内环境，实施室内墙体绿化的案例也在不断增加，也出现了设计建筑物时，一并考虑内墙绿化的方式。

板状物墙体绿化的研究和技术开发，得到了长足的进步，不过在墙体绿化实际工程中，可选择的板状型制品和技术还是不足。目前的开发技术重点都

板状型墙体绿化

放在如何维持板状物的水分上，有必要扩大技术开发内容和范围。如：建筑物屋顶和墙面的立体绿化方法以及费用的研究，适合用于板状物墙体绿化的植物种类研发，利用屋顶雨水自流水箱进行浇水等绿化效果高、管理费用低的研究课题，期待逐一得到解决。

五、板条型

板条型墙体绿化，是把植被基层和板条组件设置在墙面的绿化方法。这种方法允许在植被基层中，事先种植植物或者直接种植成熟的花草类或灌木类植物，与设置板条一起完成绿化施工，初期的绿化效果很高。经常在建设工地现场的临建遮挡墙、城市中心区域的景观改善、布置景点等绿化项目中使用。

这种方法，可以将植被组件直接附着在墙上，也可以把轻量型植被基层安装在板条框中，按照绿化设计布置花草类、灌木类、地皮类、藤蔓类等多种植物。板条的固定方法有直线型和曲面型等多种，和植物一起组成多种形状和色彩。韩国目前还没有植材统一性板条产品，这种产品的开发研究滞后。植材组件、人工土壤以及固态植被基层、水分供给、维护管理等方面有待深入的研究和技术开发。

在这种绿化方法中，日本的研究和产品开发处于领先位置。由于需要板条直接与墙面相连接，板条框内组成的植被基层通常尺寸都要小一些。甚至有的时候，植被基层需要直立起来（植物呈水平向），要求较高的管理水平。从气候条件看，日本的降水量或者气温变化不太大，冬季气温零度以下的时间也较短，这种绿化方式比较适用。而韩国的情况是，春季干旱、夏季炎热、冬季寒冷、四季

板条型墙体绿化

建筑柱子绿化

气候变化很大,需要解决的问题还很多。采用这种方式绿化墙面时,作者建议在低矮的墙面或者室内墙面使用。

六、园艺造型型

园艺造型是欧洲盛行的绿化方法,做法是墙前种植苹果、葡萄等观赏植物,用诱导的培育方式使植物按照预想的方向生长,控制厚度方向的生长,整体上与墙体呈同一平面形状。有时采用在墙上设置网格等支撑体,诱导植物缠绕等造型方式。

七、其他墙体绿化方法

除上面介绍的绿化方法以外,新的墙体绿化方法不断在推出,墙面或围挡的附着、覆盖类型和种类也在增加。国外开发的地皮类组件已经应用于实际工程,组块方式绿化的技术也已开发。地皮类绿化方式在韩国国内气候条件下还没有得到适用验证。

随着形成绿地不足的共识,墙体绿化也从墙面向其他领域扩展,形成大众化绿化氛围。充分利用各种可用的材料和可行的方法,为城市生态体系的复原贡献力量。绿化扩展的领域主要有桥墩及其周围、环境造型物、各种设施物等处。2009 年,低碳绿色生活人工基层绿化国际研讨会上,法国的帕特里克·弗朗克介绍了欧洲的墙体绿化现状和丰富案例。其中,盖·布朗利博物馆的墙体绿化很有代表性。其具体做法为,在墙面粘贴较薄的合成树脂,其上粘贴 3mm 厚天然纤维腐蚀土,再覆盖人工土壤组成轻量型植被基层,在基层下设置供水管,采用点式浇水方式。选择地皮类和多年生草本植物,诱导植物根茎垂直向下生长。这个案例摆脱了单一的墙体绿化,成为观赏度极高的艺术作品,值得我们认真学习研究和借鉴,为我所用。

环境造景物绿化

结束语

针对城市景观和环境改善,关心建筑物墙体绿化的热情也在高涨,相应的材料制品和技术研发也日趋活跃。但是,到目前为止,有关墙体绿化类型的分类、定义等还没有具体的定论,导致相关产品和技术研发有些混乱。施工相对简单、费用相对低廉的附着攀爬型和钢丝绳或金属网格攀爬辅助型墙体绿化,在产品和技术研发应用方面,效果相对较好。板状型和板条型等施工相对复杂、管理相对困难的墙体绿化,其技术研发还处于初级阶段。韩国的气候环境与欧洲、日本有区别,植物的选择、辅助材料的研发与运用、日后的维护管理等必须符合韩国的国情。为了适应墙体绿化的普及和发展，应该按类型细分墙体绿化的各种要素指标，适当具体地反映在生态面积率制度、绿色建筑认证制度、国家政策上。

参考文献

· 立体绿化的环境共生（2006），韩设绿色 .
· 环境部 "城市人工基层自然生态体系复原的技术开发" 报告书（2008），环境部 .
· NEO—绿色空间设计（新·绿地空间设计）（2003），奇文堂 .
· 帕特里克·勃朗（2009），低碳绿色生活与人工基层绿化国际研讨会 .

各类型墙体绿化特点　　　　　　　　　　　　　　　　　　　　表 1

绿化类型	方法、特点、优缺点
附着 攀爬型	·墙面基底种植藤蔓类植物，植物附着于墙面生长的绿化方法 ·墙体表面粗糙、多孔、凹凸不平时，植物附着容易
攀爬 辅助型	·网格等辅助材料离墙面 10cm 设置，墙面基底种植的藤蔓类植物，缠绕辅助材料生长的绿化方法 ·与墙面的结构、材质无关，适用于任何墙面
下垂型	·在墙面上部或屋顶设置植材容器，种植的藤蔓类植物向下生长的绿化方法 ·可以自由垂下来，也可以设置支撑体，使植物附着在支撑体生长
艺术 造型型	·墙下种植造景、藤蔓、水果等植物，按要求诱导枝叶的生长，控制植物的厚度方向生长，与墙面呈同一平面的绿化方法 ·在墙面设置网格等材料，固定和控制枝叶、藤枝的方法
阳台型	·在建筑物的各层阳台放置植材容器，种植灌木、花草，提高墙体绿化景观
墙面 布置型	·利用墙体的装饰线或人工基层等，在墙面设置植材空间，种植植物的绿化方法 ·根据植材面的大小，可以选择藤蔓、草坪、地皮、园艺花草、多肉质植物等多种植物
队列型	·墙的前面种植中小乔木达到遮掩目的的绿化方法 ·可以是高密度排列种植常绿植物，也可以是树形充分伸展的低密度绿化方法

来源：立体绿化的环境共生，2006 再组成。

帕特里克·勃朗海外案例

攀爬型和下垂型施工与管理

宋奎成　（株）韩设绿色附属生态造景设计研究所课长

自2003年人工基层绿化协会成立以来，对人工基层的关注度不断增加，多种绿化系统从国外陆续引入。原本不适合韩国环境的墙体绿化技术也得到空前发展，广泛使用在建筑物室内外。由于墙体绿化中的诸如植物生长边界、设置、费用、管理等方面尚存在不少问题，到目前为止，运用最普遍的绿化方法是藤蔓

墙体绿化的表皮方式和植物特点　　　　　　　　　　　　　　　　表1

基层	表皮方式	植物种类	植物特点	牵涉部位	可利用植物	使用对象
自然或人工（板型）	攀爬	藤蔓类	附着型	根基	·室内：常春藤、石血等 ·室外：常春藤、凌霄花等	建筑物立面，格子型构筑物，拱形结构，廊道，凉亭
				吸附盘	·爬山虎、凌霄花等	
			缠绕型	树枝	·室内：南五味子等 ·室外：忍冬藤、藤树等	
				卷须	·室内：曼迪比尔等 ·室外：葫芦类、葡萄、铁线莲等	
				叶柄	·室内：铁线莲等 ·室外：旱莲草等	
			倚靠型	树枝，尖刺	·室内：椰子树等 ·室外：南蛇藤等	
	下垂	藤蔓类	附着型	根基，吸附盘	·室内：常春藤等 ·室外：爬山虎等	
			缠绕型	树枝，卷须，叶柄	·室内：南五味子等 ·室外：南蛇藤、忍冬藤等	
			匍匐及倚靠型	树枝	·室内：常春藤等 ·室外：迎春花等	

参照：韩设绿色（2009），立体绿化的环境共生，宝文堂。

类绿化方法，也就是最基本的立体绿化方法。

本文选择韩国国内最广泛使用，众人周知的藤蔓类植物墙体绿化，重点阐述其设置条件、可采用植物、维护管理等问题。

在建筑物、构筑物、棚子、拱形架、凉亭等处，可以选用的墙体绿化方法有：藤蔓类植物的攀爬或者下垂型，匍匐性植物的下垂型，树木的排列型，园艺艺术造型等。根据植被基层的位置，还可以划分为：自然地坪种植法，板型立面种植法，嵌固在板条内的植被基层种植法等。选择某种方法时，必须考虑好植物选择、绿化覆盖辅助系统、日后的维护管理等问题，必须正确把握各种方法的特性。

攀爬型和下垂型都采用藤蔓类植物，根据植物的自立能力或者使用的辅助材料，还可以各自细分类型。攀爬型细分为附着型、缠绕型、倚靠型等三种，下垂型细分为附着型、缠绕型、匍匐型等三种。下面进行详细说明。

一、攀爬型墙体绿化

攀爬型墙体绿化是，在墙基的地面或人工基层或板型容器上种植藤蔓类植物，使其直接附着在墙面或者在辅助材料上以附着或缠绕的方式进行绿化的方法。与其他方法相比较，施工简单且管理费用低，是目前使用率最高的墙体绿化方法。这种方法的不足点是绿色覆盖时间较长，此时可以采取使用适合的辅助材料或者移栽已经长到1~2m的植物等方法予以克服。攀爬型墙体绿化根据植物的特性和辅助材料，划分为附着型、缠绕型、倚靠型等三种绿化方法。

1. 附着型

这种方法是在墙基上种植藤蔓类植物，使其直接附着在墙面的方式进行绿化的方法。这种方法不需要攀爬辅助材料，施工和维护管理费用低，维护管理也简便。缺点是绿化覆盖时间长，植物生长没有规律，限制性的绿化困难。选择这种方法必须符合原先规划和要求。

1）设置条件

首先需要藤蔓类植物可附着的墙面，墙面可以是建筑物的立面、围墙、围挡或柱子。墙面材料可以是混凝土、面砖、石材、板、清水砖墙，墙壁表面如果是亲水性的或者是多孔的或者凹凸不平时，植物更容易附着。墙面构造对附着力的影响很大，实施绿化时，必须同时考虑所选植物和墙面的情况。这种方法在格子型构筑物和网格结构物上不宜使用，偶尔可以看到利用诱导树枝等方式进行的绿化案例。

2）树种选用

适合的树种有：爬山虎藤蔓类、凌霄花类、石楠属植物等。

2. 缠绕型

这种方法是利用网格等辅助材料，使藤蔓类植物缠绕生长的绿化方式，利用辅助材料可以加快植物的生长或者防止植物脱落。

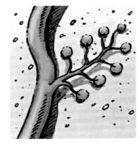   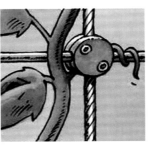 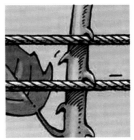

附着型（吸盘）　　　　附着型（枝干）　　　　缠绕型　　　　缠绕型（卷须）　　　　倚靠型

（来源：www.jakob.ch）

四季藤的枝干

枝干强化墙面附着力

1）设置条件

缠绕型藤蔓植物的特点是，新长出来的树枝作迂回运动寻找支撑物，一旦找到随即向上缠绕，后继续生长。可见，采取这种方法时，必须设置网状或格子状支撑体，可以不考虑墙面的构造和材质。植物种类不同，其树枝或卷须的迂回半径、速度、缠绕也各不相同。必须把握植物的这些特性，当与附着型绿化方法混合使用时，可以减少辅助材料的施工量。

2）树种选用

树枝缠绕型植物有忍冬藤、金银花、常春藤等；卷须缠绕型植物有山葡萄、豆类、铁线莲等。

3. 倚靠型

倚靠型植物没有卷须等附着性能，它是倚靠在其他物体生长的。选用这种植物进行绿化，必须设置支撑体。

1）设置条件

棚子、拱形架、凉亭等处，必须考虑好支撑体，计算好树枝的扩张与柔软以及树枝与支撑体的相互关系。此外，选择这种方式，应有空间使用与管理经

攀爬型藤蔓类植物和攀爬辅助材料设置

缠绕钢丝成形的忍冬藤和金银花　缠绕墙面缝隙生长的忍冬藤　　缠绕攀爬辅助材料生长的忍冬藤

费计划。

2）树种选用

目前，在墙体绿化中使用的树种只有蔷薇藤一种。蔷薇藤是一种经过改良的园艺品种，选用后需要进行施肥、浇水、病虫害防治等管理，维护费用较高。蔷薇藤的花形大而美丽，是在庭院设计蔷薇拱架时，优选的树种。

二、下垂型墙体绿化

下垂型墙体绿化是在建筑物或构造物的屋顶或阳台布置植材空间，种植藤蔓类植物，使之向下生长的绿化方法。除藤蔓类植物以外，还可以采用檀香、桧树等常绿灌木类植物。下垂型墙体绿化，绿化方式相对简单，但植被基层的质量要求较高。与攀爬型相比，生长速度较慢，实现绿化目标时间较长。

1. 附着型

这种方式可以在土墙上部或大楼屋顶采用。大楼中部的阳台和露台中也可以采用。从墙体绿化的持续性和维护管理角度，大多采取露天种植方式。

1）设置条件

常用的爬山虎和常春藤类虽然具

多元卷须运动调查　　　　　　　　表2

评价项目	藤蔓类植物	每次迂回运动速度 （速度快、效率高）
迂回运动速度和半径	木通、藤树、牵牛花	3h
	野木瓜	3~5h
	忍冬藤	5~9h
卷须的回转半径 （30~40cm）	比格诺尼亚	6.4cm，接触后30min开始缠绕
	四节花，近亲种	22.9cm，悬挂1g锤的细绳中也能缠绕

从围墙垂下来的美国爬山虎

有附着性质，但是采取下垂型绿化方式的时候，其根基部具有附着能力的枝干不会往下生长，自然也不会附着在墙面。植物的大部分

下垂型绿化案例

重量均由树根承担。遇到强风等时，有可能发生植物折断、坠落等现象，必要时应设置辅助支撑体。

2）树种选用

常春藤、凌霄花、爬山虎等攀爬型绿化中采用的植物都可以在下垂型绿化中使用。

2. 缠绕型

和攀爬缠绕型类似，也是利用辅助材料完成。不过，此时藤蔓缠绕辅助材料后，不是向上而是向下生长。刮风时，植物端部容易与墙面发生碰撞和摩擦而受损，进而影响其生长。一般采取一些支撑物，实施植物的绑扎等作业予以解决。不过管理费用相应增加。

1）设置条件

缠绕型墙体绿化中，采用的钢丝绳、格子型等材料，通常都是细而密，主要是考虑藤蔓类植物的迂回生长运动特性，尽量使植物容易缠绕。

2）树种选用

常见的树种有忍冬、红忍冬、常春藤、葫芦等。美国爬山虎生长时，如果没有可吸附墙，则吸附盘变成卷须，缠绕支架生长。也可以采用山葡萄、猕猴桃、木瓜等开花结果类植物。石楠属植物通常都是相互缠绕在一起向上生长，因此有时利用钢丝或网格引导。

网格缠绕型绿化　　　　　　钢丝和网格混合型绿化　　　　　　钢丝绳缠绕型绿化

美国爬山虎卷须

石楠属植物的相互缠绕情景

黄忍冬藤

木通

红忍冬藤

3. 匍匐型

与下垂型绿化方法类似，有花草覆盖要求时使用。在路边和篱笆等处种植时，树枝接近地面后，由于重力作用，植物向下扩展，从而绿化垂直面。在墙体绿化选择上认知度不高，施工案例也不多。当考虑室内景观时，匍匐型绿化中的花草非常美丽，观赏度较高，居家和商家一定会乐意选择，这种绿化方式的重要性和作用将会越来越显现。

1）设置条件

匍匐型墙体绿化是利用植物本身的重力作用实现绿化，因此，必须把握墙体所承受的荷重。匍匐型植物大部分都是密集生长，覆盖密度很高，覆盖高度有限，不宜在高层建筑墙体绿化中使用。

2）树种选用

可选用的植物种类有菊花类、连翘、迎春花、阿尔及利亚常春藤、石竹、草杜鹃等。

三、墙体绿化管理和注意事项

与平面建筑绿化一样，墙体绿化也需要维护管理，即要实施修整、施肥、除草、病虫害防治和浇水等通常管理事项。由于垂直绿化的特性，具体的方法与屋顶绿化等其他绿化方法有区别。强台风对策和基层坚固性能维护属于防灾因素范畴，规划和实施必须慎重。

刚刚完工（2005 年 7 月）　　　　完工一年后（2006 年 7 月）　　　　完工两年后（2007 年 7 月）

1. 修整

藤蔓类植物通常都是根茎部分小，树枝和叶子部分所占比例大。当墙面空间的基层受到限制时，有必要进行人工干预，保持植物上下均衡。植物修整作业是保证墙体绿化持续性的重要事项。修整前，必须充分把握修整后的目标和效果。

2. 除草

限定的土壤基层通常水分保持比较充分，容易招致杂草落户并发芽。而且杂草生命力顽强，发现初期必须及时除去，防止绿化植物受伤害。

3. 施肥、病虫害防治

绿化墙面面积较大，要保持良好的绿化效果，必须提供足够的养分。发现植物树枝萎缩、枝叶颜色阴暗、生长停止征兆时，务必进行施肥。一旦确认是病虫害，要尽快采取措施予以防治，以免虫害扩大。墙面较高，无法使用修剪等防护措施时，充分把握周边情况以后，采取合适的杀虫剂喷洒方式。周期性的虫害发生，可以选择合适的日期，实施预防性喷药等处理。

1）施肥

墙体绿化采用的藤蔓类植物，通常都需要充足的养分。为了提高植物对环境的适应能力（耐旱、抗风等），也应提供一定的养分量。枝叶的萎缩、发黄、生长停滞等都是养分不足引起，应当选择高吸收率肥料。土壤条件（板块型基层等独立的基层）受到限制时，应当定期施肥，确保肥力持续产生效力。

2）病虫害

发生病虫害，要把握虫害特性，采取相应的措施（物理去除、化学杀菌或杀虫）。紧急的情况要有应急措施。大部分的虫害可以通过化学杀虫等方法解决，病害的情况关注度不能停留在局部，要以整体上伤害最小化为目标，经过处理达到一定效果以后，标注病害原因定期检测。在充分了解病害和虫害的

藤蔓类植物的病虫害

植物病虫害预防方法及效果　　　　　　　　　　　　　　　　　　　　　表3

植物种类	现象	方法	效果
藤蔓类	长到一定程度后，不再长出新芽，下部树枝不长新叶	留下部分，下部树枝进行修剪	保持原有绿化率，提高下部绿化率（更新效果）
	新芽数少，树枝的分枝少	修剪侧枝，扩大分枝数	新树枝纵横交错，提高绿化率
藤蔓类及观叶植物	树枝和叶子过密，采光和通风效果差，植物过重使部分建筑物外装材料剥落时	修整部分枝叶，定期修整，控制生长过快、过密	防止病虫害，保护建筑物
藤蔓类及地被植物	与墙面呈垂直型植物枝叶过于繁茂时	修剪枝叶	抑制病虫害发生

基础上，制订解决方案，迅速采取对应措施最要紧。

植物的大部分病虫害，通过定期的去除作业或土壤杀菌和改善，调节湿度、通气措施等，提高植物的生长能力和改善外部环境等方法予以解决。

4. 浇水

实施墙体绿化时，有时很难考虑把雨水作为供给源，土壤条件受到限制的地方，其水分供给更为困难。此时，必须设置自动浇水设施，使植物初期和板块型基层等独立的基层能够均衡稳定地得到水分。水分调节作业是维护管理的重要事项，设计时，根据绿化方法，必须详细说明浇水的方法、频率、注意事项。发生强降雨，要进行有组织排水，不能自由排水以免影响墙边的行人和车辆通过。浇水设备通常要具备电子自动控制装置，根据不同情况，实时开启或关闭。板块型和垂直基层型墙体绿化，不会受到强降雨影响，有时甚至降雨期间也要浇水，故不需要防强降雨设施。

参考文献

· 韩设绿色（2009），立体绿化的环境共生，宝文堂．
· 城市绿化技术开发机构 特殊绿化共同研究会，金元泰·尹勇汉·韩奎熙（2009），Q&A立面绿化必备知识，奇文堂．

点式喷嘴流量表　　　　　　　　　　　　　　　　　　　　　表4

区分	草坪（花草类）			灌木类		
	黏土	砂壤土	砂土	黏土	砂壤土	砂土
流量（L/h）	1.6	2.3	3.5	1.6	2.3	3.5
间距（cm）	40	30	30	40	40	30
行间距（cm）	40~55	40~55	30~40	45~60	45~60	40~50
浇水量（mm/h）	6~10	11~22	16~39	5~9	9~13	16~29
浇水时间（min）	33~50	18~27	8~12	33~55	23~35	8~13

墙面布置型施工与管理

一、墙体绿化的概念和现状

墙体绿化是在建筑物墙面、各种围墙、防声壁、混凝土堤坝等人工垂直面或斜面上，实施的绿化事业，被称为绿色板墙或者绿色墙。

自古以来，人们不断开发和利用墙体绿化的各种施工方法，来美化生活。到了当代，城市的水平绿地空间渐渐减少，生活环境不断恶化。墙体绿化作为城市的景观绿化补充，在提高城市绿化率、提高城市的美丽景观、改善城市的生活环境等方面，起着重要的作用。

1. 墙面布置型绿色墙分类

1）正面绿色类

在建筑物和构筑物正面，采用藤蔓类植物进行绿化的方法。包括种植在墙下的爬山虎、常春藤等植物附着在墙面向上生长的攀爬型和在墙面的上部或中间设置植被基层使植物垂下来向下生长的下

绿色正面类植物

垂型。这是最传统的绿化方法，不足之处是可使用的植物种类仅限于藤蔓类。

2）绿色生活墙面类

在墙面设置浇水和植被基层，直接种植植物的方法。可以选择多种花草类植物，在空气净化、温度调节、提高景观等方面效果很好。

（1）板块型：在塑料、铁制框格中，嵌入轻量型土壤基层，从而实现绿化的方法。

（2）口袋型：使用类似于生态板筐的容器作为植被基层，从而实现绿化的方法。这种方法维护管理相对简单。

（3）组件型：植被基层的板型件高度加工成一致，和支撑框格配套使用，从而实现绿化的方法。

（4）组合型：在墙面以组合的方式进行组装，从而实现绿化的方法。

2. 墙体绿化的布置现状

以法国、瑞典、荷兰等国家为中心的欧洲各国，10余年前就把生活墙等新的工艺运用到墙体绿化。广泛运用在酒店、政府机关等建筑物的室内外墙

190 | 第二篇　墙体绿化

口袋型生活墙

面，使用领域已经扩大到普通住家。

加拿大、美国等国家也涌现许多绿化相关团体，积极推广实用性墙体绿化，弥补狭窄平面空间的不足，提供绿化效率。日本、泰国等亚洲国家也纷纷在宾馆、展示馆、地铁、住宅小区等地区开展室内外墙体绿化事业。

韩国的情况是，利用爬山虎类藤蔓植物的正面绿色类和利用挂式花坛塑造园艺式行人庭院的方法比较普遍。集美观与功能为一身的绿色生活墙方法尚处于起步阶段，若干年前开始，运用口袋型实施生活墙的案例逐步显现。

二、墙面布置型墙体绿化施工

1. 可选用的植物种类

适用于墙体绿化的植物，在不同的地区和地点多少有些区别，以韩国国内气候为基准，可以划分为室内用和室外用两种。

1）室内用植物种类

在室内，光线、温度、水分等调节比较容易，可选用多种花草植物。考虑到节约电能，通常采用耐阴、环境适应性强的原产于热带和亚热带的天南星科和凤梨科观叶植物，多选择多年生常绿植物以利于保持观赏和维护管理（详见表1）。

室内可选用植物   表1

	学名	韩国名称	科类	光线	水分	成像	颜色
1	*Ludisia discolor*	血叶兰	兰科	半荫	强	常绿草本	青紫
2	*Tradescantia spathacea tricolor*	父子蓝	鸭跖草科	半阳～半荫	中	常绿草本	背面青紫
3	*Tradescantia zebrina*	紫露草	鸭跖草科	无关	中	常绿草本	青紫
4	*Codiaeum variegatum*	变叶木	大戟科	半阳～半荫	中	常绿木本	黄，红纹
5	*Schefflera arboricola*	鹅掌藤	五加科	半荫	强	常绿木本	绿色
6	*Fatsia japonica*	八角金盘	五加科	半荫	强	常绿草本	绿色
7	*Hedera helix* cv.	常春藤	五加科	半荫	中	常绿木本藤蔓	黄，白边
8	*Calathea rufibarba*	竹芋	竹芋科	半阳	强	常绿草本	背面青紫
9	*Calathea amata*	榛子	桦木科	半阳	强	常绿草本	粉色花纹
10	*Dracaena compacta*	龙血树	百合科	半荫	强	常绿木本	绿色黄纹
11	*Chlorophyllum comosum* cv.	吊兰	百合科	半荫	强	常绿草本	白纹

续表

	学名	韩国名称	科类	光线	水分	成像	颜色
12	*Ficus elastica* 'Black Prince'	橡皮树	桑科	半阳~半荫	强	常绿木本	深绿色
13	*Ficus elastica*	印度橡皮树	桑科	半阳~半荫	强	常绿木本	绿色
14	*Ardisia pusilla*	珊瑚树	紫金牛科	半荫	中	常绿木本	豆青绿色
15	*Monstera deliciosa*	龟背竹	天南星科	半阳~半荫	强	常绿木本	绿色
16	*Philodendron* 'Moonlight'	月光	天南星科	半阳	强	常绿草本	黄色豆青
17	*Philodendron* 'Sunlight'	阳光	天南星科	半荫	强	常绿草本	古铜色
18	*Epipremnum aureum*	绿萝	天南星科	半阳~半荫	强	常绿木本	白纹
19	*Spathiphyllum* spp.	白鹤芋	天南星科	半阳	强	常绿草本	绿色白花
20	*Alocasia sanderiana*	海芋	天南星科	无关	中	常绿草本	青紫
21	*Philodendron oxycardium*	心叶喜林芋	天南星科	半阳~半荫	强	常绿木本藤蔓	绿色
22	*Nephrolepis exaltata* 'Bostoniensis'	波士顿蕨类	肾蕨科	半阳	强	常绿草本	豆青色

2）室外用植物种类

选择室外用植物时，要考虑光线、温度、水分等因素（详见表2）。

（1）光线条件：光线条件主要与建筑物的坐落朝向、周边建筑物的遮挡有关，选择植物前，必须测定日照时间，选择相适应的植物。

（2）温度条件：要考虑该地域的气候和所在地周边的微型气候。城市里的高楼大厦密集区、居住密集区的气候与该地域的整体气候条件有区别，必须引起注意。

（3）水分条件：当有人工浇水设

室外可选用植物 表2

	学名	韩国名称	科名	方向	水分	成像	成像2	观赏
1	*Trachelospermum asiaticum* var.*asiaticum*	九庆藤	夹竹桃	无关	适量	常绿	木本藤蔓	叶子
2	*Euonymus fortunei* var. *radicans*	冬青树	葫芦藤	无关	适量	常绿	木本藤蔓	叶子
3	*Hedera* spp.	常春藤	枞树科	无关	适量	常绿	木本藤蔓	叶子
4	*Spiraea japonica* 'Goldmound'	黄线菊	蔷薇科	南	适量	落叶	木本	花、叶子
5	*Eragrostis curvula*	画眉草	禾本科	南	适量	落叶	草本	叶子
6	*Plioblastus pygmaed*	黄纹丝	禾本科	无关	适量	常绿	草本	叶子
7	*Plioblastus pygmaed*	白纹丝	禾本科	无关	适量	常绿	草本	叶子
8	*Carex maculata*	香附子	香附子	无关	湿润	常绿	草本	叶子
9	*Sedum* sp.	草丛堆	景天科	东南	适量	常绿	草本	花、叶子
10	*Ophiopogon* sp.	麦门冬	百合科	东、西、北	适量	常绿	草本	花、叶子、果实
11	*Ophiopogon japonicus*	爱尔兰	百合科	东、西、北	适应性强	常绿	草本	叶子

施时，无须特别考虑。不过，南向墙面容易干燥，有的人工基层的土壤层比较薄，一般选择耐旱植物。

3）室内外均可选用植物

在室内可以不考虑温度条件。温度是韩国气候因素中最重要的考虑因素，因此，可以选用多种色彩的观赏植物。通常植物对光线要求不是很高，室外树种大多都可以在室内种植，尤其是观赏价值高的室外树种值得引入室内种植。

藤类、禾本科、石菖蒲类、香附子、草丛堆、常绿蕨类等植物可以室内外兼用。

2.墙体绿化设置方式

1）绿色生活墙布置方式

绿色生活墙施工结束即可获得充分的观赏价值，一般采用花坛型和生态板条型设置方式。

板条型绿化

A 细部

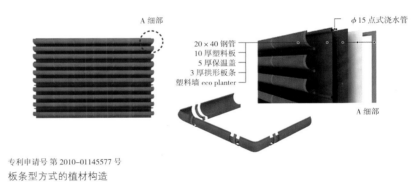

φ15 点式浇水管
20×40 钢管
10 厚塑料板
5 厚保温盖
3 厚拱形板条
塑料墙 eco planter
A 细部

专利申请号 第 2010-01145577 号
板条型方式的植材构造

（1）板条型方式的植材构造

由防水塑料板、植根生态拱形板、过滤板、条板组成，植物种植于筒式各小块中。

（2）板条型构造的特点

①植物种植于筒式各小块，植根分布充分，可采用草本、木本等多种植物。

②板条材料不会腐蚀，比以往方式更耐久。

③植根置于生态拱形板，绿化后的墙面更稳定。

④浇水设施隐藏在生态拱形板里侧，不影响美观。

板条型方式的施工顺序
图1～图8

中所装填的土壤数量。

室内墙体绿化中采用的土壤，必须符合室内环境要求。室内采用的土壤里如果存在蚯蚓等土壤昆虫、微生物时，绿化价值会大打折扣。符合室内环境要求的土壤只有人工土壤。

（1）腐殖土：草本类植物长期堆积在湿地中，经不完全碳化而形成。特点是，保水性好、空隙大、碱性置换量高、保肥力强。pH值在3.0~6.2，呈酸性。因其具有酸性，以前难以直接使用，现在已经研发出中性的腐殖土，使用广泛。

（2）轻型珍珠岩：内空隙率高，排水性好，有毛细水管作用。经常用作水平绿化中的土壤排水层。

⑤筒式板块可以装填土壤，有利于植物的健康生长。

⑥植被移植比较容易，整体上浇水也均匀，缺陷发生率低。

⑦外皮处理出色，地皮和蕨类自然生长，绿化效果好。

⑧可自由选择植物，有时还可以选择木本类植物，可以长时间维持。

⑨施工相对简单，施工工期短。

⑩可布置在室内外任何地方。

2）土壤种类和组合

墙体绿化采用的土壤都是人工土壤，需要考虑的是，筒式小块

腐蚀土

膨胀珍珠岩

发酵堆肥

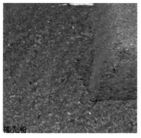
椰壳粉

蛭石

（3）发酵堆肥：无菌无味，与人工土壤混合使用时充分发挥肥力，具有与腐殖土相同的碱性置换率。

（4）椰壳粉：特点与腐蚀土类似，缺点是初期的透水性差，必须和界面活性剂混合使用。

（5）蛭石：蛭石经过1000℃以上高温而形成，粒子内空隙大，碱性置换率高。重量是砂子的1/15，保水性和保肥力好。由于pH值高，通常与腐蚀土混合使用。单独使用时，经过一段时间后土壤会发生沉陷。

（6）人工土壤的组合：腐蚀土（椰壳粉、蛭石）、轻型珍珠岩、发酵堆肥的混合比例是6：2：1，被认为是植物生长最为安定的比例，生活墙中使用的土壤也采用这个比例。

3）肥料

肥料是植物生长所需的无机元素，分为氮、磷、钾等植物大量吸收的多量元素和镁、硫、钙、铁、锰、铜等植物少量吸收但必需的微量元素。

（1）氮：被称为叶子肥料，植物缺乏氮，叶子整体上长不大，变黄，阻碍植物生长。在室内过多使用氮，植物生长过快，引起植物细弱。

（2）磷：被称为花的肥料，植物要开花时，所必需的成分。

（3）钾：被称为树根和树枝的肥料，进入冬季之前使用，树根和树枝得到加强，提高植物的耐旱性。

（4）微量元素：虽然需求量较小，但是植物生长必需的成分。植物微量元素不足时，会发生缺乏症。过

· 肥料和植物生长

（磷肥）促进开花结果　P

（氮肥）促进枝叶生长　N

（钾肥）促进树根和树枝强壮　K

三大肥料

多也不利于植物生长，例如：植物吸收过多铁元素时，钙的吸收受到限制，造成植物不挺拔。

3. 浇水设施

必须考虑供水与排水、浇水自动化系统等问题。

1）供水与排水设施

室内必须设置供水和排水设施。雨季和旱季比较明显的韩国气候，室外也应设置。因此，设计阶段要考虑给水排水。

2）浇水自动化系统

浇水自动化系统由连接水源的水管、水质和水量调节与控制装置组成。

（1）配管：安装在生态拱形板里侧的水管一般采用农用水管（轻质、延性好的水管），根据浇水量、距离、供水压力，选择合适的规格（详见表3）。

（2）水质调节装置：设置过滤器，防止异物阻塞细小水管。

（3）浇水控制器：根据市政供水和蓄水箱供水，分为两种。

①市政供水型：由于水管中始终有水流动，必须设有开关，一般采用每

轻型水管规格　表3

规格（mm）	30	40	50
常用压力（kg/cm²）	6	8	8
长度（m）	100	60	40

水质调节过滤器

周可开关的控制器。

②蓄水箱供水型：利用蓄水箱供水系统，可以降低盐类含量，更有利于植物生长。一般选择可以调节水池水位和供水周期的控制器。

浇水控制系统

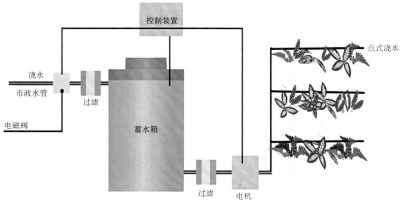
蓄水箱型供水系统

三、维护管理

1. 土壤管理

绿色生活墙一般都采用生态拱形板条作为植根基层，不需要特别关注土壤。不过土壤有机质分解及植物吸收养分等作用，引起土壤表面下陷的可能，应每月两次实施土壤表面的修整，当下陷情况严重，有可能引起干燥、冻害发生时，需要添加一些土壤。添加的土壤采用按照6：2：1比例混合的腐殖土（椰壳粉、蛭石）、轻型珍珠岩、发酵堆肥的混合物，或者每筒式板块中再添加200g高效固体肥料。

2. 施肥管理

1）肥料选择

通常采用的肥料都是以氮、磷、钾肥为主，适当添加其他微量元素组成的复合肥。观叶植物的场合，多添加一些与叶绿素生成有关联的氮、铁、镁等元素，以提高绿叶观赏价值。

复合肥有好多种，有速溶性化肥、有延长肥效的块形、发酵有机物得到的有机肥等。施肥时，应与有关专业人士协商，选择合适的复合肥。

2）肥料适用

比起肥力不足，肥料过多反而影响植物发育。肥料过多，其渗透压力增加，植物水分损失加快，导致植物枯死。种植的植物通常过6个月左右发生肥力降低，此时施肥最佳，应选择适合植物生长的复合肥。

（1）植物生长旺盛的春天，把高效肥用1000~2000倍水稀释后，以喷洒的形式进行叶面施肥。

（2）块体肥料需要在每一个筒式板块中填入200g左右，作业虽然繁琐一些，但是肥力持久，得到一劳永逸的效果。

（3）雨季时，土壤通常处于饱和水状态，施肥反而会降低植物生长，一般停止施肥作业。

（4）秋季一般需要施肥，通常要求加强树根和树枝而采用含钾、钙的肥料，施肥时，应与有关专业人士协商，选择合适的复合肥。

（5）发酵堆肥对水平花坛的土壤其肥力持久，植物生长过于茂盛，有时反而降低观赏价值。

3. 植物生理胁迫及对策

低温胁迫及冻害

室外绿色生活墙，采用的草本植物都适应韩国的气候条件，基本不存在植物低温胁迫或冻害的情况。

室内绿色生活墙，情况略有不同。

选择树种时虽考虑施工所在地的温度变化，但为了丰富设计和色彩，有时还会采用对低温相对敏感的植物。出入口处于基本关闭的状态，对植物影响不大。而经常开启或长时间处于开启状态时，尤其是气温在 –10℃以下，或者刮起强风时，植物可能受到低温影响，甚至受到冻害。

与低温相对应的对策和解决方法是，通过秋季的充分施肥，保证植物的健壮；注意及时关闭被开启的出入门；担心有可能发生冻害时，应及时通知有关负责部门采取措施。

4. 浇水管理

目前大多采用自动浇水系统，每月两次检查系统是否正常；每月 1 次实施叶面喷施作业，去除枝叶的灰尘等有害物质，保持原有的观赏效果。

1）市政供水型

过滤器经常被异物阻塞，影响浇水效果，严重的时候引起连接部位水管破裂，应每月两次定期检查。浇水控制器一般采用干电池，至少每季度检查1次电池使用情况，按照控制器的使用说明进行操作。

2）水箱供水型

浇水控制系统都是依靠电力启动的，停电时必须检查系统运行情况，与市政供水型一样，应每月两次定期检查。

5. 照明装置操作

照明一方面提高观赏效果，另一方面为植物的光合作用提供光源。植物需要持续的光合作用，才能展现自身的美丽，每天 8 小时以上的照明是必需的。

有的植物依据日光周期开花，被称为日长反应，这种反应可以分为以下三种：第一种是和夏季开花的植物一样，白天开始变长时开花的植物称为长日植物；第二种是和秋季开花的植物一样，白天开始变短时开花的植物称为短日植物；第三种是几乎不受日光周期影响的植物称为日光中性植物。

使用在绿色生活墙的植物，大多为观叶植物，属于日光中性植物，观赏度不受开花季节的影响。因此，不需要通过调节照明时间，满足植物的光合作用。

园艺造型

李相民　地皮庭院部门长

　　法语中的"园艺造型"一词，源于拉丁语中的"衬托"。园艺造型技术早在中世纪，已经被欧洲广泛使用。初期，为了提高农作物的产量而被使用，考虑绿化因素不多。将立体的植物诱导为平面型，单位面积的种植量增加，可以提高产量（详见图1）。我们的祖先大多欣赏自然原貌，不会过多地干预植物的自然生长，植物的平面诱导技术，对我们来说有些陌生。不过，韩国的果农们在种植苹果、梨、葡萄等时，尽管没有正式的称呼，也都采用类似的方法（详见照片1、2）。

照片1　为了提高苹果产量，进行诱导式栽培

照片2　韩国苹果树的诱导式栽培

　　平面型水果树，由于枝叶茂盛和树木生长较高，可在较短时间内覆盖较高的墙面，其绿化作用明显。到了如今，这种农场园艺型技术，逐渐作为墙体绿化的技术手法之一。

　　实施园艺造型，需要诱导树枝的支撑体，其材料大多为钢丝绳、金属网格等，均需要预先准备。为了得到设想的效果，拟移植树木的树枝应该是预先诱导过的。在韩国比较难以找到，其他国家的情况是，有很多栽培基地，都是在基地事先诱导树枝，达到预期的效果以后，再进行移植（详见图1）。显然，这种方法绿化速度快，立竿见影地获得绿化效果。基地栽培方法很有吸引力，韩国也应该积极推广。

目前，韩国的情况是，选择性地在若干展览空间，实施园艺造型技术试点。设想一下，如果在独立的建筑物或者城市中心区域实施园艺造型，其结果该是多么的优秀和振奋人心（详见照片3）！

园艺造型是将树木诱导到墙面实施绿化的技术，需要树根发育的土壤层，不同树木所需的土层有差别。根据树木的日光特点，选择南面或东面，有时被要求种植在西面或北面。温度条件只要是该地区可越冬树种就可以。要完成符合当地实际情况的园艺造型，必须熟悉植物的生长习性。

本章节着重阐述园艺造型用树种和特点。

1. 无花果树

学名：无花果

科名：桑科

无花果树生长速度快，只要诱导好嫩枝，可以得到美丽的墙面壁画（详见照片4）。该树种枝叶和树枝成像好，

照片4　无花果树

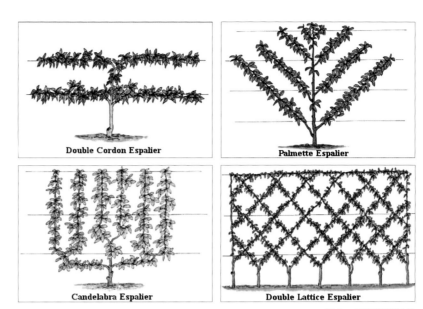

图1　园艺造型基地

照片3　原州市农业技术中心　城市农业示范园　苹果、桃树园艺造型

冬天也有欣赏价值。现在的冬天越来越暖和，生活在首尔的家庭也可以种植，作为园艺造型是比较理想的树种。该树种属于亲水性植物，必须充分保证土壤的水分，成荫的地方也能生长。同属于一个科目的橡皮树、本杰明橡皮树等树种可以在大堂等室内采用。

2. 火棘沙枣

学名：火棘沙枣

科名：蔷薇科

蔷薇科植物树枝较长，非常容易诱导。初春长出新叶并开花，属于常绿性植物，果实呈红色，非常美丽。特点是枝叶容易诱导，可以制作不同形状的园艺造型（详见照片5）。

蔷薇科植物在韩国水原市以南地域可以越冬，越往南冬季观赏度越高，到了首尔，只要是风力影响较小、相对温和的南向位置，制作园艺造型时，蔷薇科植物是不错的选择。

蔷薇科植物属于亲水性植物，过于干燥的地方不太适合，但如果可以做到周期性的浇水，则没有问题。蔷薇科植物容易受到蚜虫的袭扰，须进行定期的杀虫防治，否则，观赏价值降低。

此外，桃树、杨梅树、樱桃树等蔷薇科植物，也都是比较好的园艺造型可以选择的树种。

照片5 采用火棘沙枣的园艺造型

3. 苹果树

学名：*Malus pumila*

科名：蔷薇科

苹果树除冬天以外，从春天开花到晚秋结果，具有很高的观赏价值。树高达到7~8m，树枝也较容易诱导，是园艺造型经常采用的树种。绿化要求树木矮小，可以选用矮小台木型苹果树。由于这种树枝杈多，枝叶茂盛，诱导得当时可以得到各种想要的形状，的确是不错的园艺造型材料（照片6）。

苹果树属于日向性植物，在南向或东向种植，绿化景观效果好，成荫处也可以种植，不过效果没有日光处好。苹果树比较容易受到病虫的侵袭和得赤斑病等霉病，需要适时采取杀虫、杀菌作业。

4. 柑橘类

学名：*Citrus* spp.

科名：芸香科

柑橘类植物被较多国家采用，韩国的南部区域从气候条件上看，也可以存活，可以作为园艺造型的树种（照片7）。

在韩国南部，很早以前使用枳树做果园的自然篱笆，这种排列式枳树也可以认为是园艺造型的一种。

照片7 利用柑橘类树木的园艺造型

照片6 采用苹果树的园艺造型

5. 银杏树

学名：*Ginko biloba*

科名：银杏科

银杏树抗病虫害性能高，以前多作为行道树。由于雌性银杏树的果实掉落后，其味道比较难闻，加上行道树的多样化，目前不怎么使用。银杏树是长寿性树种，通常孤植。近年来，美国有把银杏树用作园艺造型的案例（照片8）。

银杏树抗病虫害性能高，在干燥恶劣环境下也能存活，在城市中心建筑物中，使用银杏树作为园艺造型，也是不错的选择。

照片8 采用银杏树的园艺造型

园艺造型案例

6. 侧柏属植物

侧柏属植物，在国外普遍用作观赏植物。韩国也将侧柏、檀香、花白、偏白等树木进行修剪、整形，制作成翡翠绿金黄、蓝天火箭等造型，作为造景物使用。

从园艺造型用材料上观察，欧美等国家利用侧柏属类植物，其研究和应用已经相当普遍。

照片9　侧柏属植物

7. 猕猴桃

学名：*Actinidia arguta*

科名：猕猴桃科

猕猴桃和野猕猴桃，在韩国山地分布很广，树枝很容易诱导。其他国家使用率不高。在韩国有悠久的栽培历史，是很好的园艺造型材料（照片10）。该树生长快，只要定期修整，1~2年后可以得到很好的效果。

综上所述，园艺造型所采用的树木种类很多，不同树种的成型时间虽然有差别，但作为墙体绿化的一个分支，是具有很高观赏价值的绿化方法。对我们来说，也许是较为陌生的概念。

园艺造型不是单纯的绿化，是绿化的栽培和提升，是值得充分尝试的绿化方法。只要我们多关注，持续研究和应用园艺造型苗木，相信不久的将来，在韩国也会得到普及和推广。

照片10　用作园艺造型材料可能性很高的猕猴桃

Gree

第三章　墙体绿化典型案例

　　本章介绍多个国家墙体绿化案例（共 21 例），收录空间说明、各作品的主要特点、照片以及图片，试图使读者较为容易理解。

n Wall

韩国墙体绿化典型案例

［一、龙仁 成福川 河道整治事业中 墙体绿化工程］

位置：京畿道 龙仁市 秀地区 成福川墙壁
施工：（株）韩设绿色
完工：2009 年 1 月
面积：738m²
适用：网格绿色系统

　　龙仁市在横穿秀地区的成福川岸边上，实施了 7 个亲水主题空间事业。在其中的部分区间，运用网格绿色系统进行墙体绿化。在天然石地面步道两边并行种植植物，在既有墙面上设置网格引导植物贴墙往上攀爬。

[二、蚕室 第二乐天世界 临建围挡墙体绿化]

位置：首尔市 松波区 蚕室 第二乐天世界现场
设计：乐天建设（株）
施工：（株）韩设绿色
完工：2010 年 5~6 月
面积：735m²
适用：板条绿色系统

获奖：2010 年度第二届人工基层绿化最高奖
　　　（主办单位：人工基层绿化协会）
　　　2010 年度首届无噪声街道组成竞赛
　　　　　　——美丽防噪声设施部分优秀奖
　　　（主办单位：环境部，承办单位：韩国环境公共团体）

　　这是"蚕室 第二乐天世界 超级大厦"施工现场，临建围挡墙体绿化案例。在大型施工现场的巨大围挡墙上，种植多种绿色植物，缓解压抑感，组成亲环境施工工地，提高了企业形象。采用的技术和景观效果得到广泛好评。2010 年，荣获人工基层绿化最高奖和环境部防噪声美丽设施部分优秀奖。

［三、龙仁 现代公寓 防噪声墙绿化］

位置：京畿道 龙仁市 东川村 现代公寓 1、2 期
施工：（株）韩设绿色
完工：2006 年 9 月
面积：625m²
适用：网格绿色系统

　　这是在车辆繁忙的新型城市路边防声墙正面实施的绿化案例。采用网格型绿化技术，种植凌霄花、红忍冬、四季藤等植物。施工结束以后，较长时间维持了绿化状态。防声壁绿化属于带形绿化，不仅景观效果好，对城市防噪声以及夏季的温度降低，也取得了较好的效果。

[四、世交幼儿园室内墙体绿化]

位置：京畿道 乌山市 世交居住区内 世交幼儿园（公建）
设计：（株）地皮庭院

　　世交幼儿园的一、二层，布置水平花坛和墙体绿化以及墙面瀑布。采用口袋型绿化技术、市政供水及控制器。为了与幼儿园的气氛相协调，使用圆形墙体绿化，种植八角金盘、黄金藤、珊瑚树、波士顿蕨类、花叶石菖蒲等外来和本地植物。

　　口袋型绿化由植根基层、浇水管、水分分流板、连接型生态筒等组成，施工时同时考虑植根生长空间和施工初期保证高绿化率的植材空间。采用轻量型植材和植被基层，对建筑物的荷重没有影响。

植材植物

［五、原州市农业技术中心内 城市农业示范学习园］

位置：江原道 原州市 兴业面 原州市农业技术中心
　　　城市农业示范学习园
设计、施工：（株）地皮庭院

1.室内墙体绿化

　　由于原有的给水排水设施不足，采取绿色生活墙下设置水槽进行自动浇水的带水槽口袋型绿色生活墙技术。选择在采暖室内均能存活的波士顿蕨类、橡皮树、常春藤、珊瑚树等植物。

2. 室外墙体绿化

模仿城市形象，采用集装箱作为建筑物，运用口袋嵌入型绿化生活墙方式。在集装箱的南、北、西侧种植四季藤、香附子等植物和在陡峭的悬崖中也能生长的草堆类、野枫树等植物。

施工现场

六、韩国工艺设计 文化振兴园

位置：首尔市 钟路区 仁寺洞 11-8
开发商：韩国工艺设计文化振兴园
设计、施工：（株）城市和丛林

　　本案例是工艺和自然相结合的作品，采用了许多工艺师的构思。墙体绿化中，由于工艺的加入，其艺术效果倍增。

[七、三星 梅赛德斯·奔驰 展示馆]

位置：首尔市 江南区 大峙洞 1007
开发商：草园建设
设计、施工：（株）城市和丛林

　　梅赛德斯·奔驰专卖场，引入绿色亲环境概念，在场内与环保产品一起，设置垂直庭院，给予顾客亲切感。

［八、乐天百货光复店］

位置：釜山光驿市 中区 中央洞 7 街 20-1
开发商：乐天百货店
设计、施工：（株）城市和丛林

　　釜山乐天百货光复店，在六层引入绿色空间概念，通过垂直造景，成为文化空间。自从六层成为高级顾客中心和文化空间以后，众多顾客在这里享受舒适的休闲。

[九、斗山塔楼广场]

位置：首尔特别市 中区 荫地路 6 街 18-12
开发商：斗山建设
设计、施工：（株）城市和丛林

斗山塔楼广场的墙体绿化，经过了两个冬季的考验，是比较成功的案例。在韩国的冬季，较难实现比较好的墙体绿化。这里成了外国游客的观光地，游客们在这里留影纪念。

[十、E-MART 总部]

位置：首尔特别市 城东区 圣水洞 圣水2街333-16
开发商：易买得
设计：基线
施工：（株）城市和丛林

这里是健身俱乐部运营的蓝天庭院，是许多人休闲的地方。到健身俱乐部进行履带机跑步运动，必须经过墙体绿化边，使人感觉到仿佛是在大自然中健身一样。

[十一、昌原市政府 停车楼墙体绿化]

位置：庆尚南道 昌原市 义昌区 龙虎洞 1
（昌原市政府内 停车楼）
面积：板条型墙体绿化 44m²（高 9m）
钢丝绳型墙体绿化 27m²（高 9m）
施工：（株）韩国城市绿化（代表 金哲民）
完工：2010 年 11 月
施工费：约 4000 万韩元

昌原市政府停车楼，有一处宽 3m、高
9m 的铝合金板条外墙，外墙两侧是回廊供大
楼采光和通风。外墙两边采用板条型墙体绿
化，外墙中部考虑采光和通风，采用钢丝绳
型墙体绿化。

墙体绿化用板条，在安装前 15 日事先
做好植材及浇水等作业，保持植物的安定。
选择植物时，按照常绿和季节性花草分别为
80% 与 20% 的比例选取，保证冬季也呈现绿
色。选择的常绿植物有黄杨、麦门冬、麒麟草、
常春藤等，选择的季节性花草类有金山绣线
菊、山雉苋菜、海菊等，总共选择 10 余种。

在墙中部的钢丝绳绿化中，考虑到墙高
9m，藤类植物从底部难以攀爬，在两侧板条
绿化墙中部种植忍冬后，再固定在钢丝绳，
使得藤蔓植物容易攀爬。

国际墙体绿化典型案例

[一、英国 西原野]

设计：AECOM（San Francisco Office）
位置：英国 伦敦 白城
长度：约171m
高度：约4m

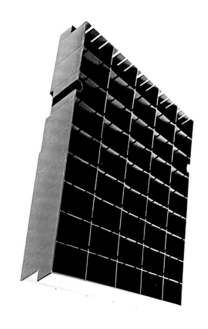

　　绿色墙在西原野购物中心起着中心作用，对出入购物中心的顾客，给予标志性的第一印象。绿色墙的长度在英国数第一，绿化面积约为 1189m^2，对周边区域绿地保存作出贡献。为顾客和附近居民提供活动场地，为动植物提供栖息地。

　　利用绿色墙保护居住在低矮处的居民的私生活，减少噪声，降低居民的视觉公害。绿色墙的南面和北面，采取不同的植被环境，形成不同的绿色氛围。日光充足的南面选择日向性植物，采光不足的背面选择蕨类等阴性植物。

　　绿色墙既神秘又生态，减少了热岛效应，净化了空气，降低了噪声，得到很好的效果。

资料提供：AECOM

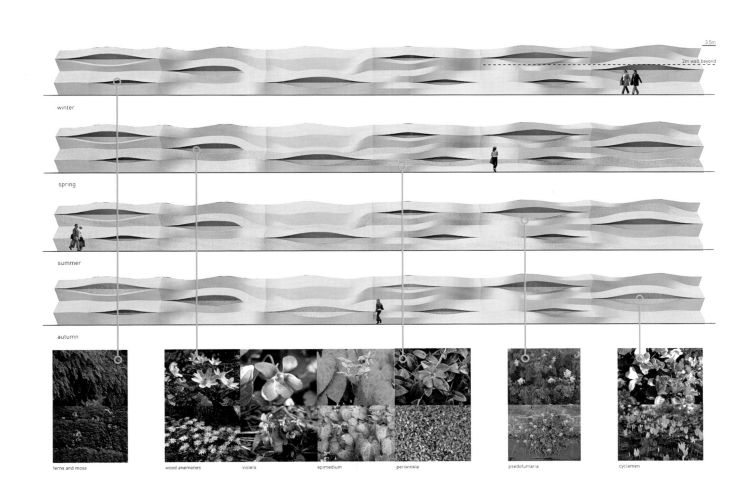

[二、El Japonez]

设计：cheremserrano
位置：墨西哥 D.F.
完工：2007 年

餐厅内部墙面由木块叠落和
绿化组成，突显自然美。

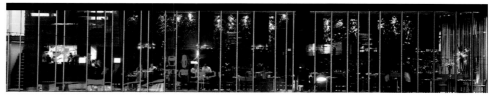

The idea is based on small pots, made out of plastic pipes (pvc) that place together provide a water irrigation system.

the elements

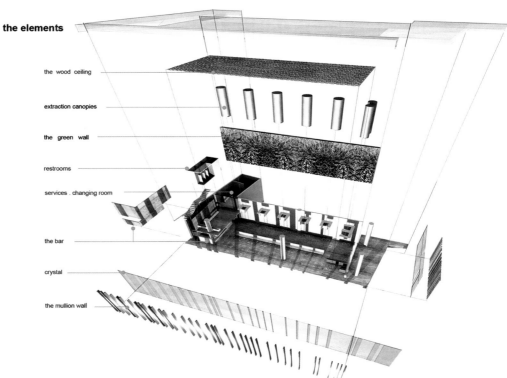

the wood ceiling

extraction canopies

the green wall

restrooms

services . changing room

the bar

crystal

the mullion wall

1.印度馆

在拱形建筑物上，铺地毯的方式组成植被基层。局部实施的墙体绿化也采取相同方式。种植植物后，采用了喷嘴自动浇水方式。

资料提供：（株）韩设绿色

2. 主题馆

主题馆的东西墙体绿化，采用钢筋构造支撑体，插入小型筒式植被基层而成。各植被块中采用喷嘴式自动浇水系统。

资料提供：（株）韩设绿色

3. 法国馆

利用特殊制作的筒式植被基层，特点是组合与分离简单。可制作各种形状的绿化墙面是该系统的优点。

资料提供：（株）韩设绿色

[四、NUMBER PARK]

位置：日本 大阪
完工：2003 年

　　与福冈的 arcross 类似，Number Park 也采取阶梯式人工基层，种植的植物总计 300 余种 7 万余棵。选用的树木 700 余株，树高达 3m，造就了城市里的小型树林。每年光顾的客人高达 3000 万，成为大阪的一处名胜地。不仅商业效益显著，树林的生态作用即低碳节能效果也明显。Number Park 的绿化面积为 5300m²，预计年节约用电 2.6 万 kWh，年节约用气折合日元 450 万元，年二氧化碳排放量减少 4.4t。(《每日经济》，2010 年 4 月 4 日，"Number Park 屋顶绿化，效果大……美观，电费、二氧化碳'猛降'")

　　资料提供：（株）韩设绿色

[五、哥尔普大学]

位置：加拿大 多伦多
完工：2004 年

NEDLAW 公司是加拿大的墙体绿化专业公司，开发了利用植物根茎、微生物、空调系统等，净化室内空气的绿色生活墙技术。这个技术是墙体绿化技术和风扇、空调等机械设备相结合的新概念技术。技术的核心是利用植物净化循环的空气，高效率地使用新鲜空气。

（照片出处：www.livebuilding.queens.ca）

资料提供：（株）韩设绿色

［ 六、伦敦 Athenaeum 酒店 ］

设计：帕特里克·勃朗
位置：英国 伦敦
完工：2009 年

位于伦敦海德公园东侧高档住宅区的 Athenaeum 酒店外墙，是帕特里克·勃朗最近的作品，采用 260 种总计 12000 株以上植物，共 8 层楼高。勃朗否决了植物生长一定需要土壤的观点，采取在可以粘结植物根茎的网格上添加合成基层的方法。勃朗既是园艺家又是植物学家，为了使植物健康生长，采取自动浇水系统和自动施肥系统，保持合适的光照度和植物排列。

（照片出处：www.verticalgardenpatrickblanc.com）

资料提供：（株）韩设绿色

［七、首都 LAND］

设计：帕特里克·勃朗
位置：新加坡 都城
完工：2011 年

在建筑物的室内引入垂直庭院，为了体现"热带雨林狂想曲"主题，使用了很多热带雨林植物。

（照片出处：www.verticalgardenpatrickblanc.com）
资料提供：（株）韩设绿色

［八、MAX JUVENAL 桥］

设计：帕特里克·勃朗
位置：法国 巴黎
完工：2008 年

位于法国巴黎南部的 MAX JUVENAL 桥，从西南方向看，可以见到写有若干字体的无色混凝土块体，当通过桥洞，从东北方向看时，有些夸张且美丽的墙体绿化展现在眼前。这是通常在建筑物上使用的墙体绿化，运用到混凝土桥梁的案例。

（照片出处：www.verticalgardenpatrickblanc.com）
资料提供：（株）韩设绿色

［九、盖·布朗利博物馆］

设计：帕特里克·勃朗
位置：法国 巴黎
完工：2006 年

法国盖·布朗利博物馆外墙绿化中，值得引人注目的是，制作的垂直庭院不是采取以往的地皮或藤类植物挂在墙面的方法，而是采用金属网格和塑料制品。数百种植物壁画般布置在墙面，自动提供水分和养分，使用寿命可以达到数十年。这是把单一的墙体绿化提升到艺术化高度的代表性案例。

（照片出处：www.vertical gardenpatrickblanc.com）

资料提供：（株）韩设绿色

［十、CANEL 城］

位置：日本 九州 福冈 羽田河
完工：1996 年

CANEL 城位于横穿福冈市中心的羽田河畔，是一处多功能设施。墙体绿化手法上，积极采纳太阳光、风、雨等亲环境要素。其中，围绕长长运河矗立在两旁的建筑物，实施全面性绿化，体现与自然环境的和谐融合。

资料提供：（株）韩设绿色

崔正秀

　　哈尔滨建筑大学工学硕士，中国中建设计集团有限公司教授级高工。

　　主要著作有《简明钢结构设计与计算》（副主编）。主要译著有《韩国建筑设计竞赛》、《建筑名作细部设计与分析1》、《建筑名作细部设计与分析3》、《最新室内细部设计实例集2（住宅建筑）》、《最新室内细部设计实例集5（文化、教育建筑）》等。